HOTEL 中等职业学校|高星级饭店运营与管理|专业教材

U0828501

咖啡实操基础教程

KAFEI SHICAO JICHU JIAOCHENG

尹灵 韦江佳 ◎主编

西南師範大學出版社
国家一级出版社 全国百佳图书出版单位

图书在版编目(CIP)数据

咖啡实操基础教程／尹灵，韦江佳主编．—重庆：西南师范大学出版社，2013.8（2022.8重印）
高星级饭店运营与管理专业教材
ISBN 978-7-5621-6395-4

Ⅰ．①咖…　Ⅱ．①尹…　②韦…　Ⅲ．①咖啡—配制—中等专业学校—教材　Ⅳ．①TS273

中国版本图书馆CIP数据核字(2013)第187202号

咖啡实操基础教程

尹　灵　韦江佳　主编

责任编辑：钟小族
书籍设计：猪八戒 www.zhubajie.com·魏显锋
排　　版：吴秀琴
出版发行：西南师范大学出版社
（重庆·北碚　邮编　400715）
印　　刷：重庆市正前方彩色印刷有限公司
幅面尺寸：185mm×260mm
印　　张：5.75
字　　数：123千字
版　　次：2013年9月第1版
印　　次：2022年8月第6次印刷
书　　号：ISBN 978-7-5621-6395-4

定　　价：17.00元

编委会

主　任：聂海英

副主任：石世珍　张　涛　王　兵　孔　焱　余德平　罗　婕

编　委：邹　薇　袁　敏　胡小芹　季　芳　刘小红　周　炜
尹　灵　雒　曦　王慧毅　韦江佳　易　丹　牟海燕
赖　雁　杨　柳　唐秋菊　闫　君　陈苏豫　文宝玉
曾小连　蒲雪花　彭　婧　杨荀荀　彭福华　何　阔
李　倩　杨　艳　徐荣本　黄文俊　杨晓霞　赵继勇
赖　勤　杜　鹃　陈茂兵　魏　勇　叶　茂　肖　缨

总序

ZONG XU

随着社会经济的快速发展，旅游业已成为全球经济中发展势头最强劲和规模最大的产业之一。酒店业是旅游业的三大支柱产业之一，旅游业的发展为酒店业和酒店职业教育提供了强大的发展动力。酒店从业人员的服务质量关系企业的生命与行业的声誉，而培养合格的酒店业从业人员须有符合行业需要的专业教材。

为适应我国当前的中等职业教育发展形势，配合国家示范性中等职业学校建设计划，重庆市旅游学校一直致力打造"服务重庆，辐射西部，面向全国，与国际接轨"的职教品牌学校。学校希望通过示范校建设切实在中等职业教育改革发展中发挥引领、骨干和示范作用，为国家和区域经济发展培养技能型、实用型人才，在专业建设中能为其他职业学校同类专业提供参考，现特别推出高星级饭店运营与管理专业系列教材。

本系列教材，在吸纳了中澳职教项目课程开发的经验基础上，遵循"以职业能力为本位，以项目任务为载体"的原则，科学选择教材内容，精心编制教材体系。教材编写中坚持以就业为导向、以人的全面发展为中心，突出实践技能的培养，注重学生职业素养的提升。教材难度适中，符合中等职业教育学生的现状，实用性强，既可供中职学校高星级饭店运营与管理专业师生作为教材使用，也可作为酒店专业的培训教材。

本系列教材在编写过程中，得到了重庆澳维酒店、重庆白鹭原茶艺馆、重庆天扬咖啡有限公司等企业的大力支持与帮助，在此表示衷心的感谢。

重庆市旅游学校

2013年6月

QIAN YAN

前言

《咖啡实操基础教程》在编写时紧密结合当前咖啡市场咖啡师职业岗位和职业角色所需的知识、技能和素养，注重理论知识与实践教学环节的有机结合，加强对学生动手能力的培养，以项目教学的方式进行编排，以咖啡基础技能的训练为基本特点，体现了“先做后学、先会后学、先学后教、以学定教”的教学方式，突出实践教学，强调个性化的实操实训，具有较强的实用性和适用性。

本书内容安排形式上突破了常规按章节顺序编写知识和训练技能的结构形式，以咖啡厅里的典型工作产品——咖啡饮品为主线，安排了四个项目，每个项目分为三至五个任务，主要内容有：单品咖啡的调制、意式浓缩咖啡的调制、花式咖啡的调制、咖啡拉花制作等。本书以图文并茂的形式代替枯燥无味的、复杂的文字叙述，实践性强。本书既可作为中等职业学校高星级饭店运营与管理专业的咖啡课程教材，也可以作为各类培训机构或咖啡从业人员的培训教材或自学用书。本书建议学时为42学时，具体学时分配可参照下表。

项目	内容	建议学时
一	单品咖啡	10
二	意式浓缩咖啡	10
三	花式咖啡	12
四	咖啡拉花	10
合计		42

本书项目一由韦江佳、蒲雪花、杨柳负责编写，项目二由尹灵负责编写，项目三由韦江佳、彭婧负责编写，项目四由韦江佳、尹灵负责编写。全书由韦江佳统稿，尹灵审稿。

本书的图片拍摄得到了重庆天扬咖啡黄强总监及其他员工的大力支持，在此表示感谢！

编者

2013年6月

目 录

MULU

项目一 单品咖啡 001

任务一 法式压滤壶 002

任务二 手冲滴滤式壶 008

任务三 虹吸壶 015

项目二 意式浓缩咖啡 023

任务一 制作意式浓缩咖啡前的准备 024

任务二 意式浓缩咖啡 030

任务三 奶泡制作 036

项目三 花式咖啡 041

任务一 卡布奇诺 042

任务二 拿铁咖啡 047

任务三 冰跳舞拿铁 052

任务四 摩卡咖啡 056

任务五 橙子火焰咖啡 060

项目四 咖啡拉花 067

任务一 手绘图形法 068

任务二 筛网成型法 072

任务三 直接倒入成型法 076

项目一

XIANGMU YI

单品咖啡

项目描述

真正决定一杯好咖啡的影响因素，分成下列四项：1. 咖啡生豆产地风味的掌握；2. 咖啡豆烘焙度的控制；3. 新鲜烘焙豆的保存；4. 冲泡方法。单品咖啡的调制不但是名品咖啡调制的基础，也是最具有精确感、最能体现个人技术水平的冲煮咖啡的方法。因此，单品咖啡的调制是初级咖啡师必须掌握的基本技能。

本章用原产地出产的单一咖啡豆品种为学习背景，依托各种单品调制器具（如图）的冲泡方法来实施本课程的项目教学。

学习目标

①能够认识各种单品咖啡调制器具；

②能够使用咖啡调制器具研磨咖啡粉；

③能够运用各种单品调制器具调制咖啡；

④养成职场安全卫生意识。

任务一
法式压滤壶

任务目标

知识目标：认识咖啡豆的不同品种，能判断咖啡豆的优劣，掌握运用法式压滤壶冲煮咖啡的方法。

能力目标：会观察——能发现教师在利用法式压滤壶冲煮咖啡过程中的技能要点；

会归纳——能整理总结法式压滤壶冲煮咖啡的方法；

会操作——能灵活使用法式压滤壶冲煮咖啡；

会合作——能互相协助完成各个环节的任务。

情感目标：懂得咖啡基础文化，养成专业服务意识。

资源准备

场地准备：咖啡实训室。

用品准备：1. 粗度研磨咖啡粉；2. 压滤壶；3. 纯净水350毫升；4. 咖啡杯；5. 汤匙、细嘴壶、温度计；6. 阿拉比卡咖啡豆、罗伯斯塔咖啡豆；7. 笔记本（记录用）等。

仪容仪表准备：与课人员身着职业装，保持手部卫生，符合职业仪容仪表要求。

任务描述

咖啡文化博大精深。我们初步了解了咖啡豆的种类，要得到各种口味的咖啡成品，就需要不同质量的咖啡。从一颗颗咖啡豆到一杯咖啡的形成，包含的咖啡历史和文化非常丰富，而我们的学习时间有限，需要大家在业余时间去补充。法式压滤壶冲泡法是制作单品咖啡最简单的方法。

任务分析

要求用法式压滤壶完成第一杯单品咖啡的制作。

（1）能正确区分阿拉比卡和罗伯斯塔咖啡豆；

（2）调制咖啡前的原材料准备与器具的清洁擦洗；

（3）能独立使用法式压滤壶冲煮咖啡。

法式压滤壶小故事

法式压滤壶又名冲茶器，是于1850年左右发源于法国的一种由耐热玻璃瓶身（或者是透明塑料）和带压杆的金属滤网组成的简单冲泡器具。起初多被用作冲泡红茶之用，因此也有人称之为冲茶器。 用法式压滤壶煮咖啡的原理是：用浸泡的方式，通过水与咖啡粉全面接触浸泡的焖煮法来释放咖啡的精华。

任务演练

演练一：

教师演示法式压滤壶冲泡咖啡的操作流程，学生分组记录。

1. 温杯，清洁（图 1-1 ~ 图 1-2）

将法式压滤壶用热水温热清洁。

图 1-1

图 1-2

2. 加粉(图 1-3)

将适量的粗度研磨咖啡粉加入壶中。一人份粉量 10~15 克，加入少于 200 毫升水。

图 1-3

3. 注水，冲泡（图 1-4 ~ 图 1-5）

慢慢注入适量热水（85℃ ~ 88℃），搅拌咖啡粉使之充分与热水接触。

图 1-4

图 1-5

4. 分离咖啡粉(图 1-6 ~ 图 1-7)

盖上滤网架,盖子不要压下去,待咖啡粉在热水中浸泡 3 ~ 5 分钟后,将冲泡好的咖啡粉往下压。

图 1-6

图 1-7

5. 呈献服务(图 1-8 ~ 图 1-9)

将冲泡好的咖啡倒入杯中。咖啡杯入碟、配勺。浸泡时间越久越容易出现苦味涩味、杂味。

图 1-8

图 1-9

演练二:

学生分组操作并对小组成员进行互评与自评。

法式压滤壶技能鉴定表

序号	评价项目	评价标准	分值
1	仪容仪表(1分)	(1)头发干净、整齐,发型美观大方。女士淡妆,男士不留胡须及长鬓角,使用无味的化妆品; (2)手及指甲干净,指甲修剪整齐,不涂有色指甲; (3)着装符合岗位要求,整齐干净,不佩戴过于醒目的饰物。	
2	介绍(1分)	能对每一步骤进行清晰的讲解并说明要点	
3	操作步骤(5分)	温杯	
		粉量	
		热水温度	
		搅拌	
		冲泡时间	

续表

序号	评价项目	评价标准	分值
4	成品（1分）	味道，颜色	
5	服务（1分）	装杯入碟、配勺	
		对客服务	
6	清洁（1分）	对器具进行清洗、归还，对场地进行清洁	

演练三：

教师展示阿拉比卡和罗伯斯塔两种咖啡生豆。（图1-10）学生能根据豆子的大小、颜色、形状等方面正确区分阿拉比卡和罗伯斯塔。

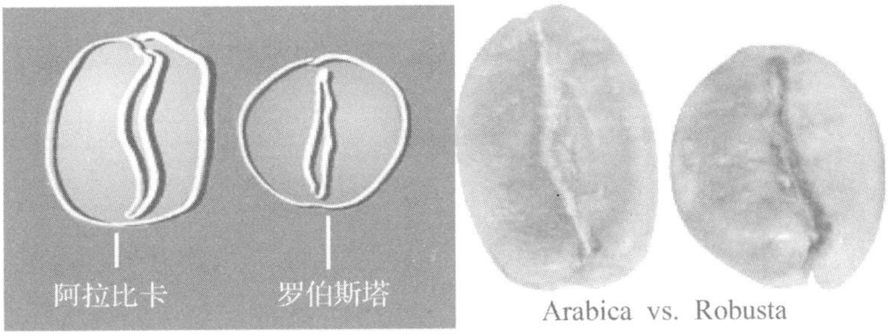

图1-10

阿拉比卡和罗伯斯塔的区别

	阿拉比卡（Arabica）	罗伯斯塔（Robusta）
适用于	单品咖啡	速溶咖啡、拼配咖啡
产量	80%	17%
生长地区	海拔500米~2000米	海拔500米以下的低地
生豆形状	扁平修长	浑圆
生豆颜色	绿色略微带蓝	淡绿色带灰色或浅蓝
生豆沟纹	裂缝曲折	裂缝较直
代表咖啡	蓝山咖啡、科纳咖啡、哥伦比亚咖啡、巴西咖啡、云南咖啡等	乌干达咖啡、印尼爪哇咖啡、海南咖啡等

相关知识点

咖啡树是生长在热带和亚热带高原上的一种茜草科常绿小乔木或灌木，开白色的花，香气淡似茉莉。咖啡花凋谢后就会结出深绿色的椭圆形浆果，浆果成熟后呈鲜红色，外型像樱桃，果肉鲜甜，内有两粒白色种子，称生咖啡豆。将成熟浆果干燥并除去果肉后即可分离出咖啡豆。生咖啡豆经焙炒后研磨成咖啡粉，即可制作咖啡饮料。

世界上种植的咖啡树主要有三种：小粒种（Coffea Arabica），又称阿拉比卡种；中粒种（Coffea Robusta）又称罗伯斯塔种；大粒种（Coffea Liberica），又称利比里亚种。具有商业种植价值的是阿拉比卡种和罗伯斯塔种。阿拉比卡种占全部咖啡产量的80%，包括巴西、哥伦比亚、危地马拉、埃塞俄比亚等。豆子呈青绿色，瘦小，有特殊香味及甘酸，口感馥郁细腻，气味香浓，酸性度较高，质感幼滑，给咖啡带来浓香和爽滑。罗伯斯塔种大致栽于印度尼西亚爪哇岛上，具有强烈的苦味，但苦中带香，尤其冷却后具独特甘香味道，适合调配冷咖啡，属醇厚型，无酸味，味道浓烈，相对之下混合用比单独用要好。

咖啡豆结构图：

（1）切开果皮后的咖啡果；（图1–11）

（2）去掉果皮后的咖啡果，里面两颗咖啡豆；（图1–12）

（3）咖啡果包括外果皮、中果皮、果胶层、内果皮、咖啡豆银皮、内胚乳、胚。（图1–13）

图1–11

图1–12

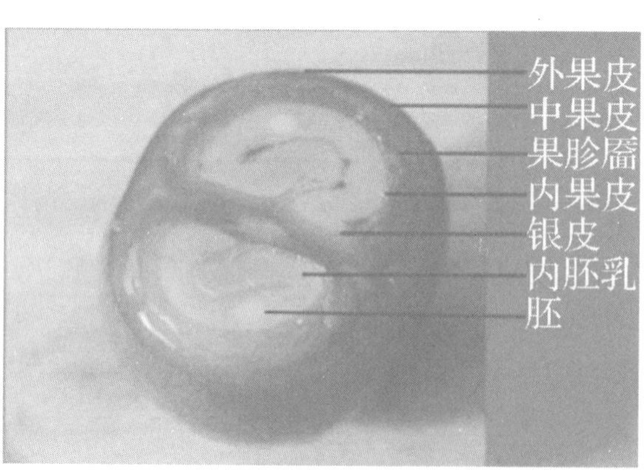

图1–13

著名咖啡的种类与特性

品名	产地	特性					说明
		酸	甘	苦	醇	香	
蓝山	牙买加	弱	强	柔	强	强	量少、浓郁香醇咖啡之极品
摩卡	埃塞俄比亚	中	中	柔	强	强	极具特色的纯品咖啡
哥伦比亚	哥伦比亚	中	中	弱	强	强	品质稳定，用于调配高级混合咖啡
曼特宁	印度尼西亚	弱	中	强	中	强	适于单品饮用，也可调配用
圣多斯	巴西	中	强	弱	中	中	可单品饮用，常用于调配
科纳	美国	中	中	中	强	强	香浓、甘醇，略带葡萄酒香
危地马拉	危地马拉	强	中	中	中	中	最适合调配混合咖啡
云南	中国	弱	中	弱	强	中	粒小匀称，柔顺香醇，有果味

（来自《非酒精饮料：吧台基础服务》）

任务二

手冲滴滤式壶

任务目标

知识目标:能辨认优质的咖啡豆,能记住手冲滴滤式壶冲煮咖啡的方法,独立完成手工冲泡壶制作咖啡。

能力目标:会观察——能发现教师使用手冲滴滤式壶冲煮咖啡过程中的技能要点;

会归纳——能整理总结手冲滴滤式壶冲煮咖啡的方法;

会操作——能灵活使用手冲滴滤式壶冲煮咖啡;

会合作——能互相协助完成各个环节的任务。

情感目标:接受更多制作咖啡的方法,与同学们分享自己的技能。

资源准备

场地准备:咖啡实训室。

用品准备:1. 手冲杯;2. 中细度研磨咖啡粉;3. 滤纸;4. 细嘴壶;5. 温度计;6. 咖啡杯、勺、糖、奶精等;

仪容仪表准备:与课人员身着职业装,保持手部卫生,符合职业仪容仪表要求。

任务描述

在一个播放着优雅音乐的私家咖啡馆里,来了三位酷爱咖啡的客人,他们不喜欢味道过于浓郁的咖啡,偏爱味道较清淡的咖啡。吧员这下犯了难,平时并没有考虑过该用什么样的方法冲泡一杯清淡的咖啡,那么,用什么方法来冲泡一杯满足客人需要的咖啡呢?咖啡豆的研磨是否还和其他咖啡豆的研磨一样呢?吧员不知道该怎么办……

任务分析

要求用手冲滴滤式壶完成一杯单品咖啡。

(1)调制咖啡前的原材料鲜度的选择与器具的清洁擦洗;

(2)根据咖啡粉选择冲煮方法,熟练使用手冲滴滤式壶冲煮咖啡;

(3)区分湿加工和干加工制作的生豆;

(4)咖啡的端送服务与品饮。

手冲滴滤式壶小故事

说到风靡世界的手冲滴滤式壶冲泡咖啡方法，我们应当感谢德国的一位家庭妇女本茨·梅丽塔(Bentz Melitta)。她在100多年前发明了咖啡滤泡法，改写了德国和世界饮用咖啡的历史。1873年，本茨·梅丽塔出生于德累斯顿，身为家庭主妇的她非常喜欢现煮的咖啡，但她是一位完美主义者，非常讨厌残留在齿缝间的咖啡渣。有一天她突发奇想，在铜碗底部打了一个孔，从儿子的书包里拿出一张吸墨水纸放在上面，冲入热水，顿时醇香的咖啡便透过吸墨水纸滴入壶中。她就这样发明了能滤渣并保留醇正咖啡香的滤泡方法。在这之前，人们都使用布料袋过滤咖啡渣。但布料滤袋一是清洗麻烦，二是多次使用后就不卫生了，残留在布袋缝隙的咖啡渣还容易破坏咖啡原本醇正的口味。

任务演练

演练一：

教师演示手冲滴滤式壶冲泡咖啡的操作流程，学生分组记录。

1. 放入滤纸（图1-14～图1-16）

将过滤纸沿线缝折叠后放入滴漏器中，滤纸的边缘勿露出杯口。

图1-14

图1-15

图1-16

2. 淋湿滤纸（图1-17）

用90℃的热水冲淋滤纸，并温热咖啡杯。

图1-17

3. 装入咖啡粉(图1-18～图1-19)

放入8～12克(1人份)咖啡粉,拍平咖啡粉,然后用细勺在咖啡粉中心钻出一个注水点。

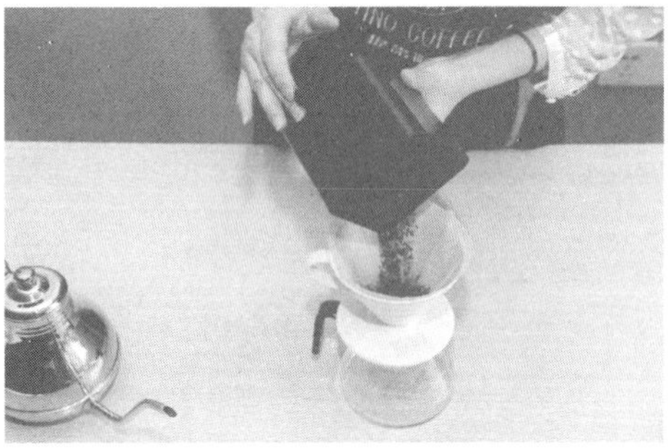

1-18

1-19

4. 第一次注水(图1-20)

将细嘴壶里的沸水凉至85℃～92℃,以螺旋状缓慢由中心注水点向外注入热水,再从外侧向内注入。

图1-20

5. 闷蒸(图1-21)

咖啡粉因吸水而膨胀。当下壶开始滴落咖啡液时,停止注水,让咖啡粉充分与水浸泡大约20秒钟。

图 1-21

6. 第二次注水（图 1-22 ~ 图 1-25）

停止膨胀时，立刻开始第二次从咖啡粉的表面缓慢注水。注入的水量与滴出的咖啡量保持一致，不可断流。随着倒入热水的量增加，泡沫逐渐泛白，停止倒水。等待第三次注水。

图 1-22

图 1-23

图 1-24

图 1-25

7. 第三次注水（图 1-26 ~ 图 1-29）

当第二次注入的水完全漏入下壶，就可以第三次注水了。

图 1-26

图 1-27

图1-28

图1-29

8. 完成(图1-30～图1-31)

第三次注水后,为避免多余咖啡粉杂质渗出,当咖啡液到达人数份量后停止,取下过滤纸。将清澈香醇的咖啡倒入杯中配勺、糖出品。

图1-30

图1-31

注意:

1. 若过滤后的咖啡温度降低,可以用火把咖啡加热至86℃左右。别让咖啡煮沸了。
2. 需考虑到冲泡时间长短与开水用量的分配问题。

演练二:

学生分小组练习介绍手冲滴滤式壶及鉴定咖啡,并完成下列表格。

手冲滴滤式壶技能鉴定表

序号	评价项目	评价标准	分值
1	仪容仪表(1分)	(1)头发干净、整齐,发型美观大方。女士淡妆,男士不留胡须及长鬓角,使用无味的化妆品; (2)手及指甲干净,指甲修剪整齐,不涂有色指甲; (3)着装符合岗位要求,整齐干净,不佩戴过于醒目的饰物。	
2	介绍(1分)	能对每一步骤进行清晰的讲解并说明要点。	

续表

序号	评价项目	评价标准	分值
3	操作步骤（5分）	滤纸	
		咖啡粉量	
		注水	
		温度	
4	成品（1分）	味道，颜色	
5	服务（1分）	装杯入碟、配勺	
		对客服务	
6	清洁（1分）	对器具进行清洗、归还，对场地进行清洁	

演练三：

挑选咖啡豆。

1. 教师讲解辨别咖啡豆的基本要点，提供三种或四种不同品种、不同质地的实物咖啡豆供学生鉴别。

2. 区分湿加工和干加工制作的生豆。

3. 分辨咖啡豆的优劣，遵循鉴别要点进行品鉴。

4. 学生对品鉴进行描述，完成下列表格。

品种	描述内容				鉴别结果：该品种为（优、良、差）
	看	捏	压	闻	
1					
2					
3					
4					

相关知识点

一、咖啡豆的加工

咖啡豆加工可分两种方式：湿加工（wet method）和干加工（dry method）。

湿加工（wet method）

在采摘后24小时内进行，先将咖啡外皮和果肉除去，然后浸泡在一个很大的盛满水的水泥槽内。经过发酵处理之后，水洗式咖啡会有一种特有的鲜明清澈的风味。发酵过后的咖啡豆再以清水洗过，然后排除水分，再放在阳光下晒干或是用机器干燥。最后用脱壳机将肉果皮和银皮除去，即可进行筛选并分成不同等级的生咖啡豆。水洗式的优点是：咖啡豆光泽好，混入异物少，酸味稍好些。哥伦比亚、肯尼亚、哥斯达黎加、危地马拉和夏威夷等地都用湿加工方法。

干加工(dry method)

这种方法更为经济。将咖啡豆薄薄地摊开在曝晒场上两个星期，每天用耙扫几次，使咖啡豆可以干得比较均匀。晒干之后，咖啡豆会与外皮分开，用脱壳机将干了的果肉、肉果皮除去，然后筛选并分成不同的等级。由于用这种处理法处理的咖啡豆总是和甜甜的黏液接触时间比较久，所以处理出来的咖啡豆会比较甜也比较重。咖啡中的酸度、清洁度及味道通常在处理的过程中也消失了。使用自然处理法的咖啡豆通常用来做浓缩咖啡(Espresso)。巴西、埃塞俄比亚和印度尼西亚生产的咖啡大部分都是用干加工处理。

二、咖啡豆的烘焙

咖啡豆的烘焙大致可分为轻火、中火、强火三大类，而这三种烘焙又可细分为8个阶段，如表所示。

咖啡豆烘焙的8个阶段

烘焙阶段		特征	各国喜好	三阶段
1	极浅烘焙(LIGHT)	咖啡豆的表面呈淡淡的肉桂色，其口味和香味均不足。	一般用在检验上，很少用来品尝。	轻度
2	浅烘焙(CINNAMON)	外观上呈现肉桂色，臭青味已除，香味尚可，酸度强。	为美国西部人士所喜好。	
3	微中烘焙(MEDIUM)	除了酸味外，苦味亦出现了，口感不错。香度、酸度、醇度适中。	常用于混合咖啡的烘焙。	中度
4	中烘焙(HIGH)	表面已出现少许浓茶色，苦味亦变强了。咖啡味道酸中带苦，香气及风味皆佳，适合蓝山等咖啡。	为日本、北欧人士喜爱。	
5	中深烘焙(CITY)	苦味和酸味达到平衡。	适合哥伦比亚及巴西咖啡。	
6	深烘焙(FULL CITY)	颜色变得相当深，苦味较酸味强，极适用于调制各种冰咖啡。	属于中南美式的烘焙法。	
7	法式烘焙(FRENCH)	色呈浓茶色带黑，酸味已感觉不出，因脂肪已渗透至表面，带有独特香味，很适合冰咖啡、维也纳咖啡。	在欧洲尤其以法国最为流行。	深度
8	意式烘焙(ITALIAN)	色黑，表面泛油，有焦糊味，主要流行于拉丁国家，适合意式浓缩咖啡及卡布奇诺。	多数使用在Espresso系列咖啡上。	

任务三
虹吸壶

任务目标

知识目标：能记住虹吸壶冲煮咖啡的方法，能运用虹吸壶冲煮咖啡。

能力目标：会观察——能发现教师在冲煮咖啡过程中的技能要点；

会归纳——能整理总结虹吸壶冲煮咖啡的方法；

会操作——能灵活使用虹吸壶冲煮咖啡；

会合作——能互相协助完成各个环节的任务。

情感目标：与其他人交流咖啡制作经验，提高自己内在的咖啡文化修养，养成良好的职业习惯。

资源准备

场地准备：咖啡实训室。

用品准备：1. 虹吸壶；2. 新鲜中度研磨好的巴西咖啡粉和云南咖啡粉（初学者）；3. 搅拌用竹匙、白色咖啡杯；4. 杯测记录表或笔记本（记录用）等。

仪容仪表准备：与课人员身着职业装，保持手部卫生，符合职业仪容仪表要求。

任务描述

酒店里的Kevin先生带来了一位巴西客人，他想品尝一下中国的咖啡豆冲煮出来的味道是否有所不同，服务员为他推荐了虹吸壶现场冲煮。

虹吸式咖啡壶在大多数人的印象里总带有一丝神秘的色彩。在咖啡发展历史中，虹吸式咖啡壶扮演着举足轻重的角色，由于它特别的造型及工作原理非常具有特色，虹吸壶被很多人戏称为咖啡的化学实验器。

任务分析

根据客人的要求用虹吸壶完成两杯单品咖啡。

（1）调制咖啡前原材料鲜度的选择与器具的清洁擦洗；

（2）根据咖啡粉选择冲煮方法，熟练使用虹吸壶冲煮咖啡；

（3）用单品咖啡的品评表评价自己的咖啡质量；

（4）咖啡的端送服务与品饮。

虹吸壶小故事

虹吸壶(Syphon)俗称“塞风壶”或“虹吸式”,是简单又好用的咖啡冲煮方法,也是民间咖啡馆最普及的咖啡冲煮法之一。虹吸壶虽然有“虹吸式”的别名,却与虹吸原理无关,而是利用水加热后产生水蒸气,造成热胀冷缩,将下球体的热水推至上壶,待下壶冷却后再把上壶的水吸回来。

1840 年,英国人拿比亚以化学实验用的试管作蓝本,创造出第一只真空式咖啡壶。两年后,法国巴香夫人对这种壶的造型加以改良,大家熟悉的上下对流式虹吸壶从此诞生。

20 世纪中期,它分别被带到丹麦和日本,才初尝走红滋味。日本人喜欢虹吸壶技术本位的个性,一板一眼认真推敲咖啡粉粗细、水和时间牵一发而动全身的复杂关系,发展出中规中矩的咖啡道。

任务演练

演练一:

教师演示虹吸壶操作流程后,学生分组练习并记录要点。

1. 注水(图 1-32 ~ 图 1-34)

将下壶倒入热水,至“两杯份”图标标记。把滤芯放进上壶调整到中心位置,用手拉住铁链尾端,轻轻钩在玻璃管末端。

图 1-32

图 1-33

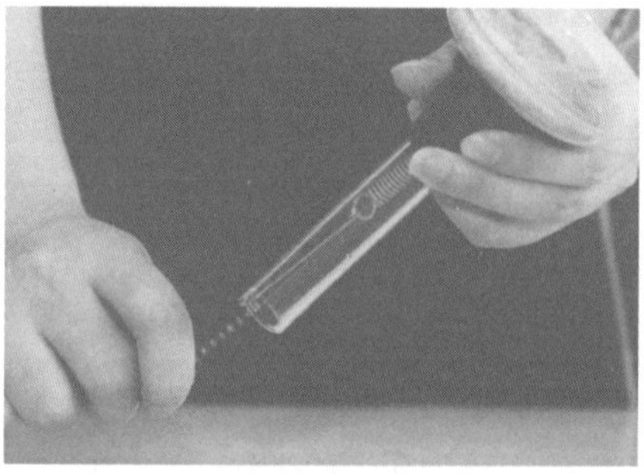

图 1-34

2. 点火加热(图 1-35 ~ 图 1-36)

将瓦斯炉点燃,把上壶斜放在壶口部分,不要塞进去,让橡胶边缘抵住下壶的壶嘴,使铁链浸泡在下壶的水里。烧水过程中,注意观察下壶铁链条上吸附着连续的汽泡。

图 1-35

图 1-36

3. 等待汽泡(图 1-37 ~ 图 1-38)

当下壶连续出现大汽泡的时候,手握上壶将试管部分轻轻旋转插入下壶。这时可观察到下壶的水开始缓慢上升至上壶。

图 1-37

图 1-38

4. 投放咖啡粉(图 1-39)

待水完全上升至上壶后,倒进咖啡粉。一人份粉量 12~15 克,对应水量大约 110 毫升。

图 1-39

5. 搅拌(十字形拨动)(图 1-40)

如果是新鲜的咖啡粉,会浮在表面形成一层粉层,这时候需要将咖啡粉搅拌开来,咖啡的风味才能被完整萃取。正确搅拌动作是将竹匙以十字形一竖一横方向拨动,将浮在水面的咖啡粉压至水面以下。用搅拌竹匙十字形竖横拨动,将咖啡粉均匀地搅拌至水中。第一次搅拌的同时开始计时,搅拌 20 ~ 30 秒。搅拌动作要轻柔,避免暴力搅拌。

图 1-40

6. 第二次搅拌、熄火(图1-41～图1-44)

使用竹匙快速搅拌咖啡溶液20秒,第二次搅拌后再计时5～8秒,移开瓦斯炉,将事先准备好的已拧干的湿抹布,由旁边轻轻包住下壶侧面,勿使湿布碰触到下壶底部接触火焰的地方,防止破裂。可观察到上壶的水快速地回吸至下壶。

图1-41

图1-42

图1-43

图1-44

7. 完成(图1-45～图1-46)

萃取完成后,一手握住上壶,一手握住下壶握把,轻轻左右摇晃上壶,将上壶与下壶分离。将咖啡倒进温杯过的咖啡杯中,入碟配勺。

图1-45

图1-46

注意:

1. 用虹吸壶冲泡咖啡,上壶中管中有一部分余水不流到上壶与咖啡粉接触,可能咖啡会较为清淡。

2. 瓦斯炉加热过程中,偏向高温萃取,容易使苦味或者涩味过度提取而变强。解决的方法是搅拌咖啡粉或者控制萃取时间。

3. 用虹吸壶做完咖啡后,需及时清洁,特别是滤布,需妥善保存。

演练二：

教师演示虹吸壶清洁方法后学生分组练习操作。

1. 分离上壶（图 1–47 ~ 图 1–48）

右手握于上座玻璃管，左手手掌轻轻往瓶口处轻拍三下。

图 1–47

图 1–48

2. 取出咖啡渣（图 1–49）

在玻璃周围再轻拍三下，让咖啡粉末松散，将咖啡粉倒掉。

图 1–49

3. 清洗器具（图 1–50 ~ 图 1–51）

用清水冲洗上杯内缘，缓慢取出过滤器弹簧钩，冲洗过滤器，清除残渣。

图 1–50

图 1–51

4. 擦干器具（图 1–52）

双手合十将过滤器拧干，并擦干器具以备下次使用。

图 1–52

演练三：

学生分小组练习虹吸壶调制咖啡。模拟工作场景，向客人介绍虹吸壶的来历以及特点。其他同学对调制过程及制作后的咖啡进行观察和评价。

虹吸壶技能鉴定表

序号	评价项目	评价标准	分值
1	仪容仪表(1分)	(1)头发干净、整齐，发型美观大方。女士淡妆，男士不留胡须及长鬓角，使用无味的化妆品； (2)手及指甲干净，指甲修剪整齐，不涂有色指甲； (3)着装符合岗位要求，整齐干净，不佩戴过于醒目的饰物。	
2	介绍(1分)	能对每一步骤进行清晰的讲解并说明要点	
3	操作步骤(5分)	清洁、调整滤布	
		控制水温	
		咖啡粉量	
		搅拌手法	
		操作时间	
		操作过程安全规范	
4	成品(1分)	味道，颜色	
5	服务(1分)	装杯入碟、配勺	
		对客服务	
6	清洁(1分)	对器具进行清洗、归还，对场地进行清洁	

相关知识点

1. 怎样拿咖啡杯

咖啡杯的正确拿法，应是拇指和食指捏住杯把儿将杯子端起。盛放咖啡的杯碟应当放在饮用者的正面或者右侧。饮咖啡时，可以用右手拿着咖啡的杯耳，慢慢地移向嘴边轻啜。不宜满把握杯、大口吞咽，也不宜俯首去就咖啡杯。喝咖啡时不宜发出声响。添加咖啡时不要把咖啡杯从咖啡碟中拿起。

2. 怎样给咖啡加糖

砂糖可用咖啡匙舀取，直接加入杯中；也可先用糖夹把方糖夹在咖啡碟的近身一侧，再用咖啡匙把方糖加入杯中。如直接用糖夹或手把方糖放入杯内,有时可能会使咖啡溅出,从而弄脏衣服或台布。

3. 怎样用咖啡匙

咖啡匙是用来搅拌的,饮用咖啡时应将它取出。不能用咖啡匙舀着咖啡喝,也不要用咖啡匙来捣碎杯中的方糖。有时饮咖啡可以吃一些点心,但不要一手端着咖啡杯,一手拿着点心,吃一口喝一口地交替进行。

4. 怎样品鉴咖啡

用味觉品味不同种类咖啡豆的酸度、甜味、苦味、醇度、均衡度、纯净度及余韵。

(1) 以啜吸的方式迅速喝一口咖啡,啜吸的力度要保证咖啡液从舌尖进入口腔,与整个舌面充分接触,这时注意去感受咖啡的酸度、甜味及苦味。

(2) 继续啜吸,将咖啡含在嘴里,去感受它的醇度,就像喝水与喝糖浆的差异、咖啡的口感愈浓稠厚实代表醇度愈高。继续喝几小口,仔细感受其中的酸度、苦味、甜味,一般纯净度高的咖啡不会出现极苦、极酸、涩味等刺激性味道,同时,咖啡中的多种味道调和得越好,说明咖啡的均衡度越高。

(3) 暂停品饮,闭上嘴巴,这时会感受到整个口腔到鼻腔里都是咖啡的丰富味道,而舌面上会有不断的回甘涌现。轻轻张开嘴巴,会发现口腔里依旧留有咖啡的香和味,这就是余韵。愈是好的咖啡,余韵越清爽,强烈而持久,而不好的咖啡余韵微弱,而且往往夹杂着苦涩等杂味。

品鉴对比表

品种	巴西咖啡	云南咖啡
酸度	☆☆☆☆	☆☆☆☆
甜味	☆☆☆☆	☆☆☆☆
苦味	☆☆☆☆	☆☆☆☆
醇度	☆☆☆☆	☆☆☆☆
香味	☆☆☆☆	☆☆☆☆
均衡度	☆☆☆☆	☆☆☆☆

(按浓烈程度涂满五角星如,较酸★★☆☆)

学习评价

评价内容	评价依据	权重
知识	a.依据课堂提问回答情况 b.依据课后作业完成情况	30%
技能	a.依据课内项目完成情况 b.依据课外项目完成情况	50%
态度(规范、仔细、对质量的追求、创造性)	a.迟到早退一次各扣5分,旷课一次扣10分,累计3次及以上(包括迟到早退累计3次),取消该门课程的成绩 b.将早点、零食带进教室一次扣5分 c.做和上课无关的事情各扣5分(聊天、玩手机、睡觉等) d.迟交作业或不按项目要求完成作业一次扣5分	20%

技能评判表

序号	技能	评判结果	
		是	否
1	咖啡冲煮前准备工作 (评判标准:咖啡资料收集完整,原料选购齐全)		
2	咖啡冲煮方法 (评判标准:能按要求冲煮两杯合格的单品咖啡,撰写实训操作报告)		
3	咖啡的品鉴 (评判标准:能按要求描述咖啡品鉴步骤,品尝区分云南、哥伦比亚和巴西咖啡豆,说明各自的特点)		

项目二

XIANGMU ER

意式浓缩咖啡

项目描述

意大利咖啡在嗜好咖啡的人看来是一门艺术，是意大利人花了半个世纪的时间精心研究的成果。虽然意大利人从未占领过任何生产咖啡的殖民地，但他们却将传统工艺的高超技术用于改良冲煮咖啡的方法，创造出意式浓缩咖啡(Espresso)这样优秀的冲煮技术及机器，占领了世界上绝大多数的咖啡市场。

学习目标

①能够辨认意式咖啡调制的各种器具；

②能够完成咖啡粉的研磨；

③能够运用意式咖啡机调制咖啡；

④能够制作用于添加的咖啡奶泡；

⑤养成职场安全卫生意识。

任务一
制作意式浓缩咖啡前的准备

任务目标

知识目标：能记住意式咖啡机、研磨机的使用方法。

能力目标：会观察——能发现教师在调试意式咖啡机及配套用具过程中的技能要点；

会归纳——能整理总结使用意式咖啡机及配套用具的方法；

会操作——能灵活使用意式咖啡机及配套用具；

会合作——能互相协助完成各个环节的任务。

情感目标：通过对意式咖啡机的使用，体会意大利人对咖啡的热爱及追求。

资源准备

场地准备：咖啡实训室。

用品准备：1. 意式浓缩咖啡机；2. 匹配的研磨机；3. 橱柜；4. 冰箱；5. 咖啡杯套具；6. 清洁类布草物件；7.深烘焙咖啡豆。

仪容仪表准备：与课人员身着职业装，保持手部卫生，符合职业仪容仪表要求。

任务描述

服务员张倩走到咖啡吧台准备开始今天的工作，看见她的同事王丽正在用药膏涂抹手上一块红红的地方，忙问道："这是怎么了？是烫的吗？""就是这个咖啡机，刚才我去做清洁不小心被烫着了。"原来是她们店才购进的一台意式咖啡机把王丽给烫伤了。

任务分析

要求正确使用意式咖啡机及配套用具。

1. 认识意式咖啡机及配套用具；

2. 根据咖啡制作方法调试相关器具；

3. 根据取用方便原则和职场安全规范合理安排咖啡制作器具。

任务演练

我们现在所做的一切工作都是为了冲泡出一杯质量上乘的意式浓缩咖啡。在不同的咖啡店设备稍有不同，但操作中关键的问题是确保容易取拿物品，使工作流程更为顺利。

演练一：

意式咖啡机的准备工作。

1. 启动咖啡机（图2-1）

打开机器开关，让咖啡机开始工作。煮咖啡的温度应在88℃～92℃左右，过高的温度会把咖啡中的油质破坏，沸腾的水会使咖啡变苦；温度过低，口感就会变涩。咖啡杯置于咖啡机热量放置区以便使用前达到温杯的效果。

图2-1

图2-2

2. 检查压力表（图2-2）

检查压力表以确保压力达到要求。锅炉的气压是1～1.5帕，水泵的压力为8～9帕。

3. 检查水量（图2-3）

锅炉里水的容量应为70%，通过咖啡机上的水视窗来监控，同时还有字符示水量范围，这样可以帮助你检查。如锅炉中的水量过高，蒸汽就低，水的温度也就低；如水量过低，蒸汽就高，水的温度也就高。这两种情况都会影响意式咖啡的质量。如锅炉中水量低或高了，都需要调整。机器上有人工按钮，如水少了，就需要加水。千万保证咖啡机开着的时候，锅炉里有水，不然就很容易因无水而爆炸。

图2-3

图2-4

4. 检查水循环系统（图2-4）

让水流过每个机头来检查水流是否成单向螺旋状。

5. 加热滤网（图2-5）

上手柄并让水流大约30秒，以放掉过夜的水并加热过滤网。

图2-5

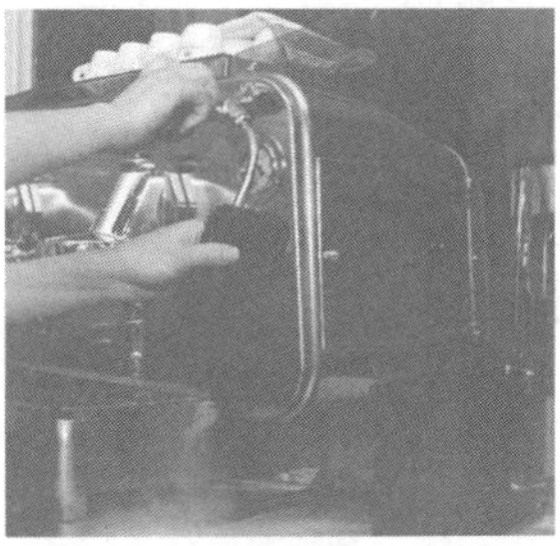

图2-6

6. 更新锅炉水(图2-4)

打开热水管旋钮放1升水,这样可使锅炉水显得新鲜。头天用化学剂清洗机器后,第二天提供咖啡服务前,放掉1小杯水冲洗残留的化学物质(第一杯咖啡是不能用的,很可能残留有化学剂)。

7. 清洁蒸汽管(图2-6)

打开蒸汽管放30秒钟蒸汽。

演练二:

研磨机的准备工作。

1. 装豆(图2-7)

选用专用的意式咖啡豆(深烘焙)。根据用量情况将咖啡豆快速装入豆槽并封闭,减少空气与咖啡豆的接触。

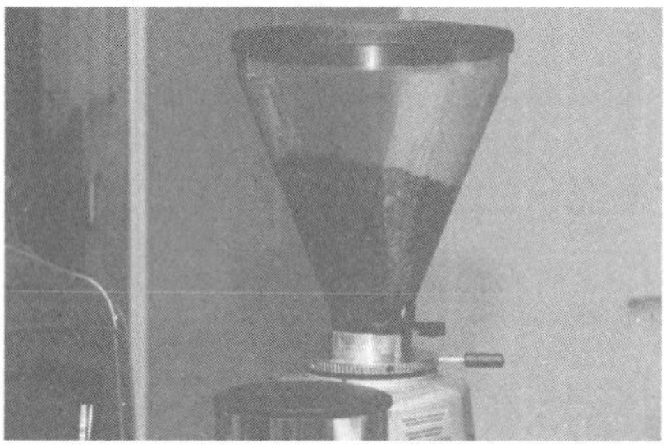

图2-7

图2-8

2. 磨豆(图2-8)

调节研磨机上的刻度盘,启动开关,充分打磨咖啡豆。

3. 检查粉质(图2-9)

检查打磨后的咖啡粉研磨程度。意式浓缩咖啡需要粉质有一定的粗砂度。

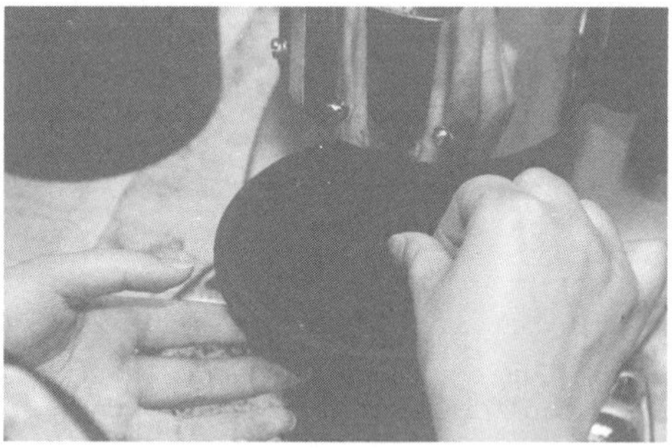

图2-9

4. 确定研磨刻度

根据需要调整研磨机,记录下咖啡打磨比率(这个特殊环节是非常重要的,如果操作不当将生产出劣质咖啡)。

演练三:

组织咖啡工作场地。

对咖啡工作场地的合理组织能使工作提高效率,对于员工来说也会使他们工作起来更舒适、更愉快。进行准备工作时,务必将安全和卫生考虑为一体。

1. 摆放位置

安放意式咖啡机和研磨机的工作台的高度应利于工作人员操作，无需费力，容易拿取物品和设备。

2. 地面

湿地面可能引起员工摔倒。

3. 蒸汽棒

发出的蒸汽可引起严重灼伤。

4. 带电事故

检查磨损的电线，确保没有可能引起事故的松散电线。

5. 意式咖啡机

机器的不同部件在运作中升温可能引起灼伤。

6. 咖啡杯碟

为确保咖啡饮品的适宜饮用温度，需在使用前进行加温处理。

相关知识点

意式咖啡机分类

大体上，意式咖啡机分为两类：全自动和半自动。

全自动咖啡机，就是把所有工作都交给咖啡机本身来完成，因为咖啡机身内含有微电脑，它可以直接操控制作咖啡的所有环节。由于设备精密，价格也相对昂贵，日后维修保养也需格外注意。以瑞士生产的最为有名。

半自动咖啡机，就需要搭配研磨机进行磨豆和填压使用。使用半自动咖啡机，为了得到一杯高品质咖啡，就需要专业咖啡师细心操作。咖啡豆研磨的粗细、填压的力度都可能影响咖啡饮品的质量。

研磨机

是在马达带动机械刀具飞速转动时将咖啡豆切削研磨成咖啡粉的一种磨粉工具。

用研磨机研磨咖啡豆的时候，一定注意每次研磨的量不要太多，因为咖啡豆是由细小的纤维细胞组织所构成，所以在咖啡豆研磨的过程中，其纤维细胞会被切开，咖啡油和香醇的味道同时被释放出来。当研磨咖啡豆时，二氧化碳和咖啡豆的香味很快会被氧气取代，降低咖啡香味和口味。同时，咖啡豆研磨过程中刀片之间会产生热量，挥发咖啡豆的香味，使制作出的咖啡口感和嗅感降低，最好用多少磨多少，这样也能让顾客体会喝咖啡的全过程。意式浓缩咖啡(Espresso)需要磨成粗砂形状的颗粒。若打磨的咖啡粉无粗砂度则太细，会使咖啡较苦，同时容易堵塞咖啡机；反之太粗糙，则会冲出没有味道的咖啡。

咖啡粉研磨度参照表

研磨粗细度	特征	适用器具
细研磨(Fine Grind)	颗粒细、像砂糖一样大小	意式浓缩咖啡机摩卡壶等
中研磨(Medium Grind)	颗粒像砂糖与粗白糖混合一样的大小	虹吸壶、手冲滤纸式滴滤壶等
粗研磨(Regulau Grind)	颗粒粗,像粗白糖一样大小	水滴式咖啡机、消滤壶、压滤壶等

研磨时要注意:

1. 选择与冲煮方法相适合的研磨度;
2. 控制刀盘组在低温度下工作;
3. 研磨后的粉粒要均匀;
4. 即磨即用。

研磨机的清洁保养

为了保证咖啡饮品的质量,每天营业结束后,最好腾空研磨机,把剩余的咖啡豆和粉分别装入密封袋或容器里。

研磨机每天频繁地被使用,所以它的清洁保养也是必要的。特别是咖啡豆含有油脂,如果不定时清理的话,容易造成卫生问题,油脂也会堵住通道,所以每个月要定期给研磨机做清理工作。例如用专用刷或专用吸尘器处理粉质;或者让研磨机磨一磨清洁锭,可以在不拆分机器的情况下将咖啡粉或粉槽内的油垢带出来,因为是可食用物,所以不必担心残留化学成分。

技能评判表(意式咖啡机)

各项指标是否到位	水温		水量		水压		气压		水流方向	
	是	否	是	否	是	否	是	否	是	否
清洁工作是否妥当	吧台表面		场地四周		机头		蒸汽管		咖啡杯具	
	是	否	是	否	是	否	是	否	是	否

技能评判表（研磨机）

<table>
<tr><td rowspan="3">各项指标是否到位</td><td colspan="2">研磨机摆放位置</td><td colspan="2">豆槽</td><td colspan="2">刻度盘</td><td colspan="2">清洁布草</td></tr>
<tr><td>是</td><td>否</td><td>是</td><td>否</td><td>是</td><td>否</td><td>是</td><td>否</td></tr>
<tr><td></td><td></td><td></td><td></td><td></td><td></td><td></td><td></td></tr>
<tr><td rowspan="2">清洁工作是否妥当</td><td colspan="4">机器表面</td><td colspan="4">场地四周</td></tr>
<tr><td>是</td><td></td><td>否</td><td></td><td>是</td><td></td><td>否</td><td></td></tr>
</table>

技能评判表

<table>
<tr><td rowspan="2">序号</td><td rowspan="2">技能</td><td colspan="4">评判结果</td></tr>
<tr><td>优秀</td><td>良好</td><td>合格</td><td>不合格</td></tr>
<tr><td>1</td><td>意式咖啡机是否检查妥当?</td><td></td><td></td><td></td><td></td></tr>
<tr><td>2</td><td>匹配的研磨机是否能研磨出需要的咖啡粉?</td><td></td><td></td><td></td><td></td></tr>
<tr><td>3</td><td>准备过程中是否按照职场安全操作?</td><td></td><td></td><td></td><td></td></tr>
</table>

任务二
意式浓缩咖啡

任务目标

知识目标：能记住意式浓缩咖啡的制作方法。

能力目标：会观察——能发现教师在制作咖啡过程中的技能要点；
会归纳——能整理总结制作意式浓缩咖啡的方法；
会操作——能正确使用意式咖啡机制作咖啡；
会合作——能互相协助完成各个环节的任务。

情感目标：在各项参数指标同时达到的情况下，才能制作一杯大约30毫升的意式浓缩咖啡，体会咖啡前辈高标准严要求的工作作风，并以此完善自己。

资源准备

场地准备：咖啡实训室。

用品准备：1. 意式浓缩咖啡机；2. 匹配的研磨机；3. 清洁类布草物件；4. 咖啡杯套具；5. 意式咖啡粉。

仪容仪表准备：与课人员身着职业装，保持手部卫生，符合职业仪容仪表要求。

任务描述

今天天气晴朗，人潮不断涌向步行街。坐落在街西北角的咖啡馆，服务员正在忙碌工作。“我要一杯咖啡”、“服务员，我要点单”……当顾客的需求在你耳旁此起彼伏的时候，会不会担心能否快速提供完美服务？使用具有技术含量的意式咖啡机可轻松制作咖啡，适合人员众多的咖啡馆和人群流动量大、咖啡需求量大的场所。

任务分析

要求用意式咖啡机完成一杯意式浓缩咖啡。

1. 利用前期所学进行咖啡制作前的检查工作；
2. 学会使用意式咖啡机制作咖啡；
3. 咖啡的端送服务与品饮。

任务演练

演练一：

教师演示意式浓缩咖啡制作后学生分组练习。（图2-10）

图2-10

1. 拿取手柄(图2-11～图2-12)

从机头拿走手柄,除去用过的咖啡粉(没有制作咖啡的时候,手柄不应该是空的,因为产生的热量会使新鲜的咖啡粉烤焦)。

图2-11

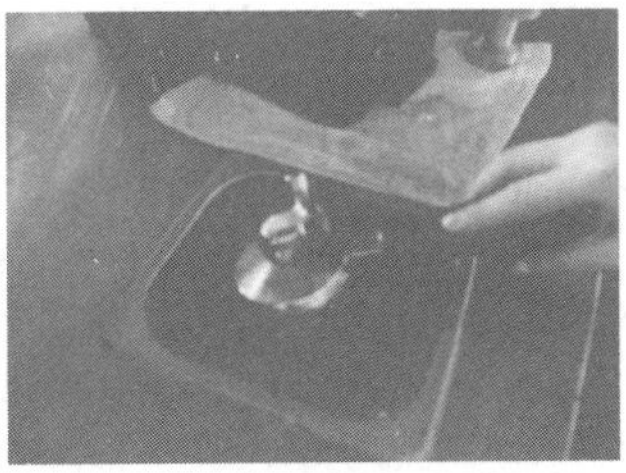

图2-12

2. 清洁手柄(图2-13～图2-14)

用水清洗手柄,并用布将其擦干。如果过滤网不是干的,水就会被吸到过滤网的一端,就不会产生正确的咖啡流动。

图2-13

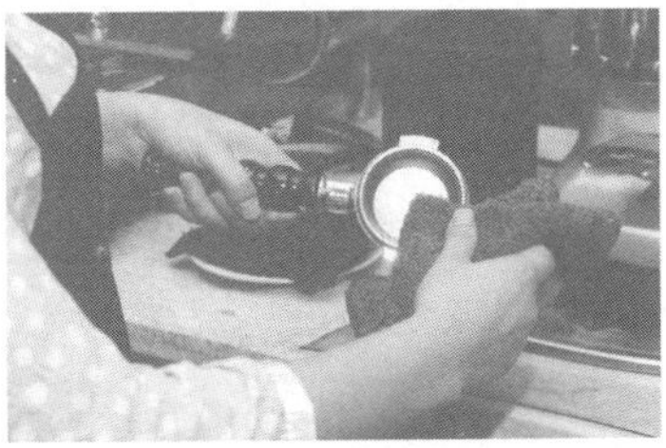

图2-14

3. 装粉(图2-15～图2-16)

把手柄放置在咖啡粉的出口处,按照剂量装粉。大杯咖啡粉为14～18克,小杯咖啡粉为7～9克。确保选择了正确的咖啡手柄(单孔手柄正常咖啡量大概是25～30毫升,双孔则加倍)。

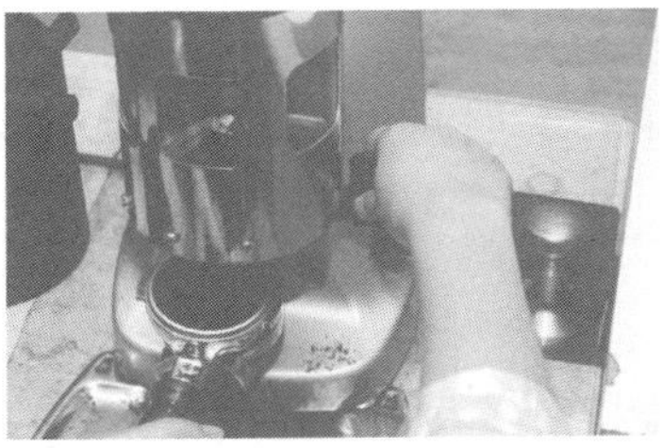

图2-15

图2-16

4. 整平(图2-17～图2-18)

取出手柄,轻敲滤网边缘使咖啡表面平整。用食指指腹轻轻将咖啡粉整平,去除手柄边缘的多余咖啡粉。这样可使手柄内咖啡粉分布均匀。

图2-17

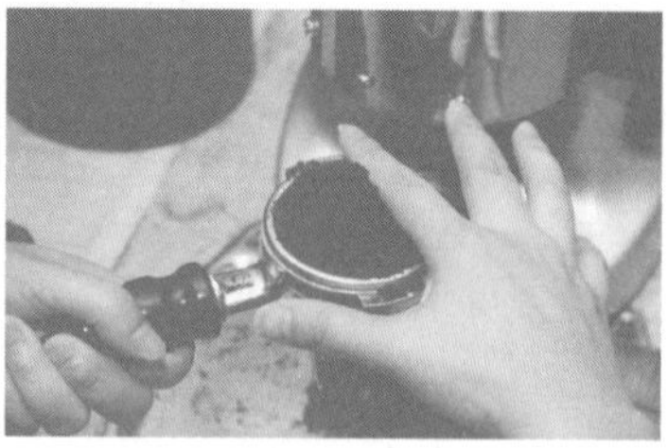

图2-18

5. 填压(图2-19～图2-21)

如果要使用手动填压,确保使用正确的压力来平整咖啡,不要过分挤压咖啡粉。把手柄固定在平整的桌面上,以垂直的方向放上填压器并用力按压咖啡粉。这样来回按压两次后,轻轻旋转填压器以平整咖啡粉表面。最后除去手柄边缘多余咖啡粉。平时要检查剂量是否达到刻度线,滤网顶部留有一定空隙,咖啡粉浸水后会膨胀需要一定空间。

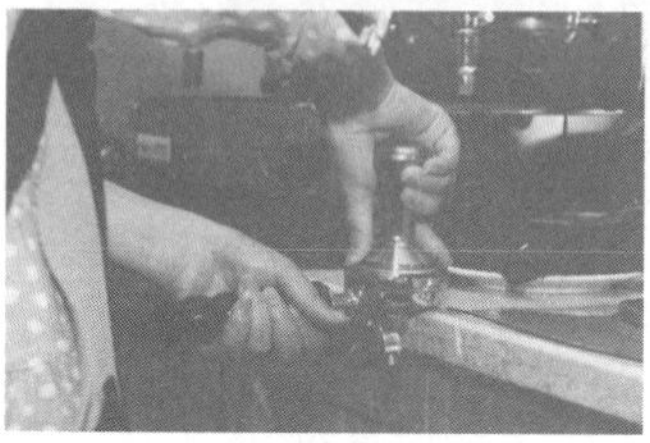

图2-19

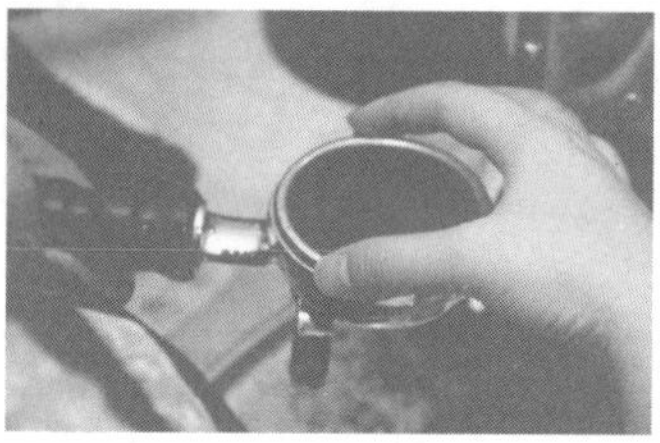

图2-20

图2-21

6. 冲洗机头(图2-22)

将手柄放到机头前,用大约15毫升水冲机头,以便排出机头里剩余的咖啡粉残渣,同时提升出水口水温,避免影响咖啡萃取温度。

图2-22

图2-23

7. 萃取咖啡(图2-23)

将手柄嵌紧在机头中,迅速在孔下放上专属的意式浓缩咖啡杯,按下按钮,开始萃取。正常的情况下,开始萃取后4到5秒才有咖啡流出,时间大概会持续25秒,咖啡的容量大约为30毫升。咖啡杯应保持清洁和热度,以保证咖啡的口感。

演练二:

鉴定咖啡饮品质量。(图2-24)

1. 有很好的精华。如果你举着杯透过光线看,咖啡应清澈透明。

2. 上面有一层厚的油脂,油脂的颜色应一致,加入糖搅拌后也能恢复。(图2-25)

3. 应具有浓郁香味。

图2-24

图2-25

4. 所冲的水应不超过30毫升，萃取25～30秒。萃取太慢，水无法顺利通过咖啡粉（有可能是咖啡粉研磨太细，或填压力道太重造成粉过于紧），造成萃取过度，咖啡将有烧焦的味道，颜色也会很暗。如果萃取太快，造成萃取不足（可能是咖啡粉研磨过粗，或填压力道太轻造成粉过于松散），最终导致咖啡没有精华，以致出现苍白的颜色和酸味。

5. 应有浓郁的平衡的味道。

6. 检查粉饼。将手柄从机头上取出，对准粉盒敲打。若敲出的咖啡粉是一个比较结实的圆形（粉饼），说明研磨和剂量都很到位。（图2-26）

图2-26

相关知识点

意式浓缩咖啡萃取参数

水温	88摄氏度~92摄氏度
粉量	7~9克
水压	8~9帕
气压	1~1.5帕
萃取时间	25~30秒
咖啡流量	25~30毫升
油脂量	5毫米

意式咖啡配方表

名称	意式咖啡	手柄	牛奶	预热杯子
Espresso标准	25~30毫升	单孔	无	70毫升意式咖啡杯
Ristretto特浓	15~20毫升	单孔	无	70毫升意式咖啡杯
Doppio Espresso双份	50~60毫升	双孔	无	70毫升意式咖啡杯
Doppio Ristretto双份特浓	30~40毫升	双孔	无	70毫升意式咖啡杯

油脂

意式浓缩咖啡表层油脂的颜色能帮助你在最短时间内鉴定咖啡饮品的质量，是咖啡爱好者和咖啡师必须要了解和掌握的。

油脂颜色可以很好地反映出咖啡饮品的萃取度是否适中，粉量是否充足，填压力量是否到位，咖啡机的水温是否正确和豆子是否新鲜等很多因素。

萃取不足

萃取不足一般体现在油脂颜色偏乳白色，可能是由于粉量不足、填压力量过轻、水温过低、咖啡粉研磨过粗、水压不足或者咖啡豆不新鲜，有时候也会与咖啡豆烘焙过浅或者咖啡豆子的品种有关。

萃取过度

萃取过度一般体现在油脂颜色偏黑褐色，可能是由于粉量过多、填压力量过大、水温过高、咖啡粉研磨过细等原因造成，有时候与咖啡豆子的过度烘焙也有关系。

技能评判表（意式浓缩咖啡制作）

序号	技能	评判结果	
		是	否
1	制作意式浓缩咖啡前的用具准备是否妥当		
2	能否按意式浓缩咖啡制作方法制作合格的咖啡并撰写实训操作报告		
3	制作咖啡过程中是否按照职场安全操作		

技能评判表

	考核内容	序号	评分标准	配分	得分
1	服务沟通能力	(1)介绍所要实际操作的咖啡,包括咖啡名称、特点和饮用方法(1分) (2)描述完整制作环节(2分) (3)咖啡服务(1分,待完整服务结束后评分)	不符合以上考核要点按相应配分扣分。	4分	
2	正确使用咖啡研磨机	(1)测试研磨机(1分) (2)研磨适量咖啡粉(1分)	不符合以上考核要点按相应配分扣分,在制作过程中不符合食品卫生方面要求和相关规定导致咖啡不能饮用的扣10分,扣完为止。	2分	
3	正确使用压力式咖啡机制作Espresso	(1)选取适当品种咖啡豆,选择合适的杯具并温杯(1分) (2)正确使用压力式咖啡机,并在20~30秒内完成冲泡过程(3分) (3)合格(1~1.5盎司)的咖啡提取量(1分) (4) 合格的油脂(3分)		8分	
4	工作区域相关设备器具的清洁	(1)工作区卫生整洁(2分) (2)对设备有必要的清洁保养,清理操作区剩粉(1分)	不符合以上考核要点按相应配分扣分。	3分	
5	操作时间	每超过30秒扣1分,超时5分钟停止操作			
6	口味评价	平衡感、香气		8分	
备注			合计	25分	
			考评员签字		

评分人:　　　　　年　　月　　日　　　　　　　　核分人:　　　　　年　　月　　日

(来自重庆市劳动技能鉴定中心咖啡师考评表)

任务三
奶泡制作

任务目标

知识目标：能记住奶泡的制作方法。

能力目标：会观察——能发现教师在制作奶泡过程中的技能要点；

会归纳——能整理总结奶泡制作的方法；

会操作——能正确使用不同工具制作奶泡；

会合作——能互相协助完成各个环节的任务。

情感目标：体会牛奶的不同形态带给咖啡饮品的新意，通过不同方式的奶泡添加提升自己咖啡饮品制作的想象和创作空间。

资源准备

场地准备：咖啡实训室。

用品准备：1. 意式浓缩咖啡机；2. 专用奶泡壶；3. 清洁类布草物件；4. 咖啡杯套具；5. 奶缸。

仪容仪表准备：与课人员身着职业装，保持手部卫生，符合职业仪容仪表要求。

任务描述

是否觉得意式浓缩咖啡味道醇厚，苦涩味相当显著？或许你是初涉咖啡领域的新手，或许你需要更多更丰富的口感，那么让我们来点变化吧。在电视上总能看到别人喝咖啡加糖、加奶，我们或许能想出点新方法。

任务分析

要求用不同工具完成奶泡制作。

1. 学会用意式咖啡机制作奶泡；
2. 学会用专用奶泡壶制作奶泡；
3. 根据配方添加奶泡。

任务演练

演练一：

教师演示意式咖啡机制作奶泡后学生分组练习。

正确地制作奶制品。（图2-27）

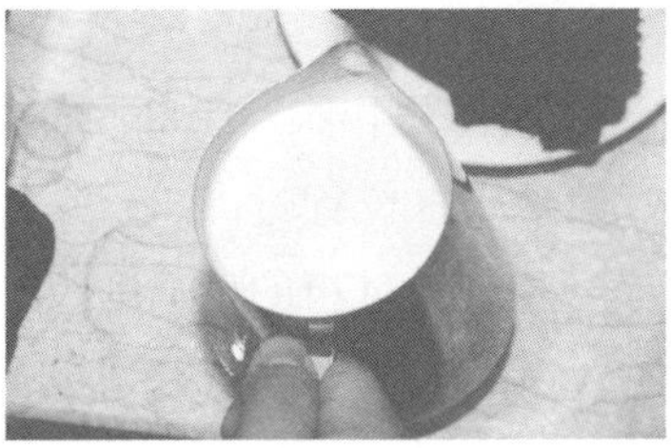

图2-27

1. 准备容器(图2-28)

使用适当大小的奶缸盛装牛奶。

图2-28

图2-29

2. 准备牛奶(图2-29)

使用新鲜的全脂冷牛奶。牛奶要适量,以便不浪费。制作奶泡时需要的牛奶量应该在奶缸尖嘴下5毫米处。因为在做奶泡的过程中,牛奶会因充入空气而体积膨胀。

3. 配备温度计(图2-30)

使用测量牛奶的温度计。

图2-30

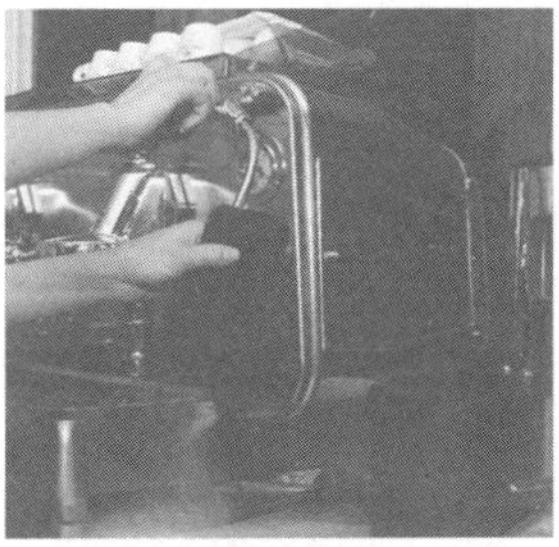

图2-31

4. 清洁蒸汽管(图2-31)

打开蒸汽管开关,排出蒸汽,清洁管内,然后用干净布擦净管外。

5. 制作奶泡(图2-32~图2-33)

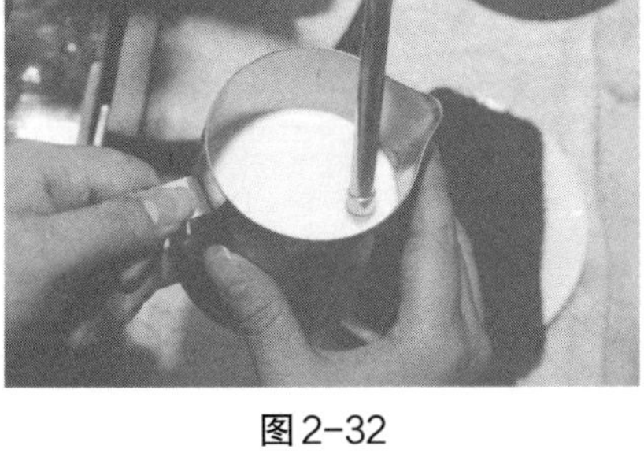

图2-32

图2-33

将蒸汽管口1/3放在牛奶表面下，打开蒸汽阀。管口与牛奶结合，发出嘶嘶的声音，在这个过程中牛奶会因不断充入气体而体积膨胀。不断降低奶缸，以便充入更多的空气，得到丰富的泡沫。需要注意的是，如果奶缸位置过高，淹没了管口，听到"噗噗"的声音就不能产生奶泡了；而太低，则气泡过大，产生过粗的硬质奶泡，没有了细腻感，这样的奶泡会浮在表层而无法充分与咖啡混合，所以喝的时候享受不到奶泡与咖啡充分混合的细密质感，并且很可能使牛奶温度过高。由于制作奶泡时我们不能看到喷口在什么地方，那么就要特别小心，用耳听管口的声音，用眼看泡沫大小。

6. 加热牛奶（图2-34）

当温度计显示温度达到40℃时，就应抬高奶缸让蒸汽管头浸在牛奶中，牛奶环行运转，在温度达到60℃之前关掉蒸汽，移开奶缸。奶泡对温度的要求比较高，只有在60℃～80℃的时候会产生品质上乘的奶泡。超过70℃，牛奶中的蛋白质结构会被破坏。可以通过温度计去观察，也可以通过不锈钢的奶缸感觉牛奶的温度（会有烫手的感觉），但请注意保证自身安全。

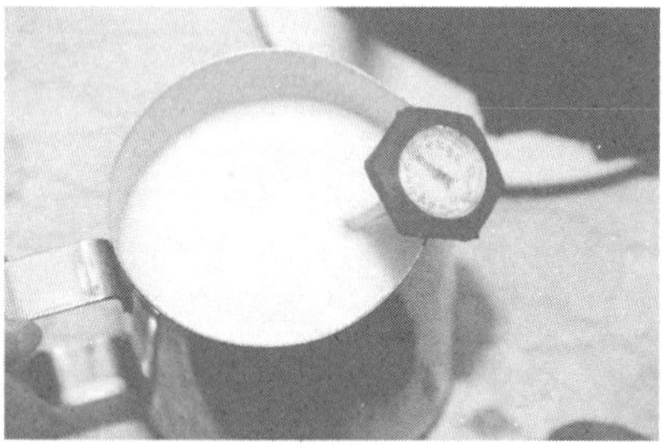

图2-34

图2-35

7. 清洁蒸汽管（图2-35）

为了不影响下一次制作奶制品的品质，我们要及时清洁蒸汽管。再次打开蒸汽开关，排除管内残留物，用干净布擦净蒸汽管外表。

8. 检查奶泡质量（图2-36）

现在的奶缸内上层应该是很稠密、乳脂状的奶泡，看起来像搅拌过的蛋白。如果奶缸周围有大的气泡，要用类似匙的工具打爆它们，以保证奶泡的质量。

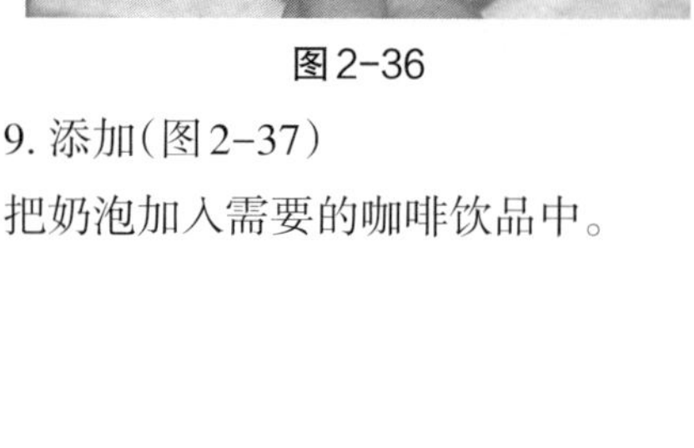

图2-36

图2-37

9. 添加（图2-37）

把奶泡加入需要的咖啡饮品中。

演练二：

教师演示专用奶泡壶制作奶泡后学生分组练习。

1. 准备牛奶(图2-38)

如果需要热奶泡，可加热牛奶至60°C左右再进行第二步；如果需要冷奶泡则温度在4°C左右。

图2-38

图2-39

2. 准备容器(图2-39)

向专业奶泡壶倒入1/4～1/3体积的全脂鲜奶。盖上奶泡壶的盖子，利用单层滤网和盖子上的提拉杆就可以制作出奶泡。

3. 制作奶泡(图2-40～图2-41)

把滤网慢慢压到壶底，然后慢慢提高拉杆到顶。重复以上步骤并逐渐加快速度，热牛奶可以在20次左右得到，冷牛奶则需要50次左右。当下压需要更用力时即可停止。

图2-40

图2-41

4. 检查奶泡质量(图2-42)

放置1分钟左右，让奶泡固定，可以用汤勺除去上层大奶泡，得到细腻、绵醇的小奶泡。

5. 添加(图2-43)

把奶泡加入需要的咖啡饮品中。

图2-42

图2-43

相关知识点

奶泡

奶泡就是牛奶与空气细密混合的产物。制作奶泡的方式便是将空气打入牛奶中。无论冷的奶泡还是热的奶泡，都是牛奶中的乳脂肪包裹空气产生的小气泡，所以，乳脂肪的稳定和多少，可影响奶泡的质量和持久度。牛奶所含脂肪越低，越容易制作奶泡，脱脂或2%含脂牛奶比全脂牛奶更容易形成泡沫，然而全脂奶会形成更稠密的奶泡，口感会更好，因此选用全脂牛奶制作奶泡。

技能评价表(意式咖啡机压力法)

各项参数指标	相应数据	
使用牛奶的含脂量		
装入奶缸中的奶量		
奶泡制作过程中的声音	嘶嘶	噗噗
奶制品温度		
奶泡质量		
操作过程中是否注意职场安全	是	否
及时清洁工作台及用具并选用合适的方法	是	否

技能评价表(专用奶泡壶)

各项参数指标	相应数据	
使用牛奶的含脂量		
装入奶泡壶的奶量		
牛奶温度		
抽提次数		
奶泡质量		
操作过程中是否注意职场安全	是	否
及时清洁工作台及用具并选用合适的方法	是	否

项目三

XIANGMU SAN

花式咖啡

项目描述

随着咖啡馆的盛行，花式咖啡取代了滤泡式咖啡，很快成为咖啡界的主流。花式咖啡以其优美的造型、多层次的口感和奶味浓郁的特点，深得人们的青睐。它其实也是来自那些单品咖啡，不过是加入了奶泡、牛奶、肉桂粉、彩米等装饰和调味品，形式多样，口味也相对丰富。常见的花式咖啡需要掌握的有以下这几种：1. 完美无暇的卡布奇诺；2.“永恒的经典”拿铁咖啡；3. 浓郁甜蜜的摩卡咖啡；4. 热情奔放的橙子火焰咖啡。

学习目标

①能够调制卡布奇诺咖啡；

②能够调制拿铁咖啡；

③能够调制摩卡咖啡；

④能够调制橙子火焰咖啡；

⑤养成职场安全卫生意识；

⑥能够根据宾客需要提供咖啡服务及推销。

任务一
卡布奇诺

任务目标

知识目标：能记住卡布奇诺咖啡的调制方法，能为客人提供咖啡服务。

能力目标：会观察——能发现教师在调制咖啡过程中的技能要点；

会归纳——能整理总结卡布奇诺咖啡的配方和比例；

会操作——能灵活使用意式咖啡机；

会合作——能互相协助完成各个环节的任务。

情感目标：培养咖啡师的专业意识，提升咖啡师的职业素养。

资源准备

场地准备：咖啡实训室。

用品准备：1. 意式浓缩咖啡机；2. 咖啡研磨机；3. 150~180毫升咖啡杯；4. 奶缸；5. 量杯；6. 原料：深度烘焙的咖啡豆、冰牛奶、可可粉。

仪容仪表准备：与课人员身着职业装，保持手部卫生，符合职业仪容仪表要求。

任务描述

意大利人喜欢把卡布奇诺当作早餐中的饮料，如果再配上热而香甜的苹果派，简直就是一天的完美开始。他们有时也在一天中的闲暇时光喝上一杯卡布奇诺，但是通常会把正餐后的咖啡时间留给浓缩咖啡。

一杯地道的意大利卡布奇诺咖啡，需要半杯意大利浓缩咖啡和半杯打成泡沫状的牛奶，也可以在牛奶的上面撒上可可粉或肉桂粉作为装饰，同时防止牛奶起皮。

任务分析

完成本项任务需要熟记卡布奇诺的配方比例，能用意式咖啡机打出稠密奶泡，按照卡布奇诺的调制流程，调制出这款经典咖啡，并且能向客人简单介绍这款咖啡的来历、口味特点等。

卡布奇诺(Cappuccino)小故事

在意大利人看来，在偏浓的意式咖啡上，倒入以蒸汽发泡的牛奶帽盖，很像教堂僧侣所穿戴的深褐色连帽长袍，咖啡因此得名。而卡布奇诺最令人陶醉的便是那细致温暖的牛奶泡沫，温柔地包裹着咖啡的热度，让你回味无穷。

卡布奇诺的制作比例

卡布奇诺（Cappuccino）		杯子容量（150~180毫升）
比例1:1:1	1. 萃取出两份标准的Espresso至咖啡杯中	
	2. 倒入60毫升的热牛奶	
	3. 倒入60毫升细腻的奶泡	
出品	配咖啡碟、咖啡勺、糖盅、曲奇	

任务演练

演练一：

学生分组进行咖啡机的准备工作。

1. 咖啡机的预热（图3–1）

图3–1

图3–2

2. 咖啡豆的研磨（图3–2）

3. 调制意式浓缩咖啡（图3–3）

图3–3

演练二：

教师演示卡布奇诺的调制方法。

1. 萃取一份标准的Espresso至Cappuccino杯中（通常杯子的容量为150～180毫升）（图3–4）

2. 将低温冷藏的鲜牛奶发泡并加热至60℃～70℃，充分融合奶泡，使牛奶达到相对均衡的状态；（图3–5）

图3-4

图3-5

3. 将奶泡及牛奶注入Espresso中即可。通常一杯卡布奇诺里的Espresso、牛奶及奶泡的体积比例约为1:1:1。（图3-6～图3-7）

图3-6

图3-7

4. 咖啡杯入碟，配勺。（图3-8）

图3-8

演练三：

学生分小组调制卡布奇诺咖啡。模拟工作场景，向客人介绍这款咖啡名字的来历以及特点。其他同学对调制过程及制作后的咖啡进行观察和评价。

卡布奇诺评分鉴定表

序号	考核内容	考核要点	评分标准	配分	得分
1	服务沟通能力	(1)介绍所要实际操作的咖啡,包括咖啡名称、特点和饮用方法。(2分) (2)咖啡服务(1分,待完整服务结束后评分)		3分	
2	正确使用压力式咖啡机和相关设备、器具	(1)选取适当品种的咖啡豆,选择恰当的杯具(1分) (2)制作意式咖啡(3分) (3)制作奶泡(8分) 使用清洁奶缸(1分) 清洁蒸汽管口(1分) 正确制作奶泡(4分) 残留牛奶较少(1分) 擦拭蒸汽管口并放空蒸汽(1分) (4)将制作好的奶泡倒入咖啡中,形成视觉正确的卡布奇诺(2分) (5)奶泡、牛奶、咖啡各占三分之一(用勺测量)(3分) (6)描述完整操作流程并叙述必要的注意事项(1分)	不符合考核要点的按相应配分酌情扣分,没有制作出Espresso需要重新制作。若制作出Espresso,但不合格者扣掉对应该项分数。 在制作过程中不符合食品卫生方面要求和相关规定导致咖啡不能饮用的扣10分,扣完为止。	18分	
3	工作区域相关设备器具的清洁	(1)工作区卫生整洁(1分) (2)对设备有必要的清洁保养(1分)		2分	
4	口味评价	平衡感、香气温度适合,口感正确(牛奶与咖啡完美结合)(7分)		7分	
备注	每超过1分钟扣2分,超时5分钟此题不得分。		合计	30分	
			考评员签字		

评分人:　　　　年　　月　　日　　　　　　　　核分人:　　　　年　　月　　日

(来自重庆市劳动技能鉴定中心咖啡师考评表)

操作事项

1. 开始时清空/清洁奶缸。

   应将新鲜的冷牛奶倒入干净的奶缸中,不得在准备时间内提前倒入。

   奶缸的内外都应该是干净的。

2. 将蒸汽管插入奶缸前应先清空蒸汽管管内留水。

3. 打奶泡后应用专门的布草清洁蒸汽管管口。

4. 打奶泡后应空喷蒸汽管以排出管内残留物质。

5. 卡布奇诺咖啡制作好后，奶缸中应该几乎没有牛奶。可接受的牛奶剩余范围是每个奶缸中的牛奶不超过90毫升或3盎司。

相关知识点

世界百瑞斯塔(咖啡师)竞赛

咖啡师在意大利语中被称作百瑞斯塔(Barista)。数百年前，欧洲人就已经把百瑞斯塔当作与日常生活息息相关的职业。世界百瑞斯塔(咖啡师)竞赛(World Barista Championship，WBC)始于2000年，由欧洲特种咖啡协会和美国特种咖啡协会联合发起，目前有51个成员国。这项每年分别在各个国家不同城市举办的竞赛被誉为咖啡界的“奥林匹克”，旨在引导咖啡界的时尚潮流，推广咖啡文化，为专业咖啡师提供一个竞技和表演的舞台。比赛试图以公平性和严谨性对咖啡师的技术水准做出最为权威的品评。

卡布奇诺咖啡是竞赛中的必考项目之一，其中百瑞斯塔对卡布奇诺咖啡评分规则包括以下八点：

1. 卡布奇诺咖啡是一款咖啡与牛奶混合的饮品，具有两者的醇厚、香甜的平衡感；

2. 卡布奇诺咖啡是由一份意式浓缩咖啡、有质感的牛奶和至少一厘米厚度的奶泡组成的；

3. 卡布奇诺是一款体积为150～180毫升(5～6盎司)的饮品；

4. 卡布奇诺咖啡必须使用150～180毫升带手把的咖啡杯盛放；

5. 卡布奇诺的量必须与杯容量相符(180毫升的杯子必须装满180毫升饮品)；

6. 最好不要添加任何顶部装饰、糖、香料或粉末状调味品；

7. 卡布奇诺咖啡送上时必须同时提供咖啡匙、纸巾和水；

8. 手把里除了研磨咖啡粉和水，不能放入其他任何东西。

任务二
拿铁咖啡

任务目标

知识目标:能够记住拿铁咖啡的调制方法,能独立为客人提供咖啡服务。

能力目标:会观察——能发现教师在调制咖啡过程中的技能要点;

会归纳——能整理总结拿铁咖啡的配方和比例;

会操作——能灵活使用意式咖啡机;

会合作——能互相协助完成各个环节的任务。

情感目标:培养专业意识,创新咖啡设计,提升美的修养。

资源准备

场地准备:咖啡实训室。

用品准备:1. 意式浓缩咖啡机;2. 咖啡研磨机;3. 200毫升咖啡杯;4. 奶缸;5. 量杯;6. 原料:深度烘焙的咖啡豆、冰牛奶、曲奇、糖。

仪容仪表准备:与课人员身着职业装,保持手部卫生,符合职业仪容仪表要求。

任务描述

拿铁咖啡是意大利浓缩咖啡与牛奶的经典混合,酒店的住客们很喜欢把拿铁作为早餐的饮料。自助式早餐的大厅里,到处弥漫着咖啡香味。喝拿铁的客人,与其说他们喜欢意大利浓缩咖啡,不如说他们喜欢牛奶,也只有咖啡才能给普普通通的牛奶带来让人难以忘怀的味道。

任务分析

完成本项任务需要熟记拿铁的配方和比例,能用意式咖啡机打出稠密奶泡,按照拿铁的调制流程,调制出这款畅销咖啡,并且能向客人简单介绍这款咖啡的来历、口味特点等。

拿铁(Latte)小故事

拿铁,本为意大利语,意思仅是"鲜奶",后来指一杯混合了牛奶和咖啡的饮料。拿铁咖啡中牛奶多而咖啡少,比例大概是2:1。拿铁是最为国人熟悉的意式咖啡饮品。它是在沉厚浓郁的Espresso中,加进牛奶的花式咖啡。有了牛奶的温润调味,让原本甘苦的咖啡变得柔滑香甜、甘美浓郁，就连不习惯喝咖啡的人，也难敌拿铁芳美的滋味。和卡布奇诺一样，拿铁因为含有大量的牛奶而适合在早晨饮用。

拿铁的制作比例

拿铁咖啡（Latte Caffe）		杯子容量（200毫升）
比例 1:2:1	1. 萃取出一份标准的Espresso至咖啡杯中	
	2. 倒入七分满的热牛奶	
	3. 倒入细腻奶泡至牛奶上	
出品	配咖啡碟、咖啡勺、糖盅、曲奇	

任务演练

演练一：

教师演示拿铁的调制方法。

1. 准备咖啡杯（图3-9）

温杯，萃取浓缩咖啡时杯子的温度已经达到足够的要求。

图3-9

图3-10

2. 萃取咖啡（图3-10）

萃取一份标准的Espresso至Latte杯中（通常杯子容量200毫升）。

3. 加入糖浆（图3-11）

如果是做原味拿铁，可在萃取好的Espresso中加入巧克力糖浆，依据个人口味，一般6~8毫升比较适中。如果做其他口味的拿铁，如香草拿铁，就放入香草糖浆。

4. 制作奶制品（图3-12）

取适量牛奶，将其置于意式浓缩咖啡机的蒸汽喷嘴下，将其制作成高温的牛奶与奶泡混合体。将合适比例的牛奶和奶泡混合体摇匀，使奶泡与牛奶完全融合。

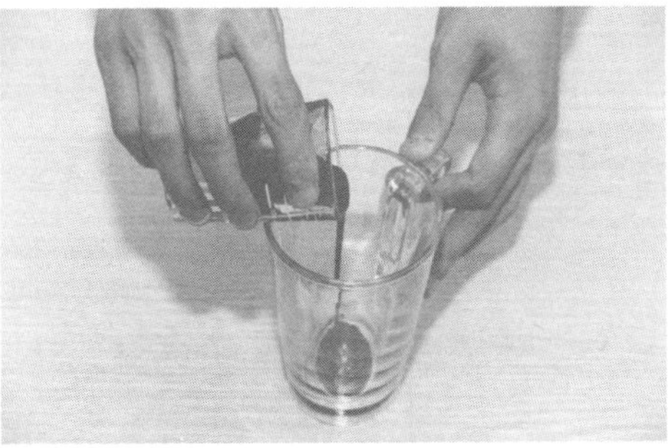

图3-11

图3-12

5. 注入（图3-13～图3-14）

将牛奶和奶泡均匀体倒入Espresso中，完成一杯意式拿铁。

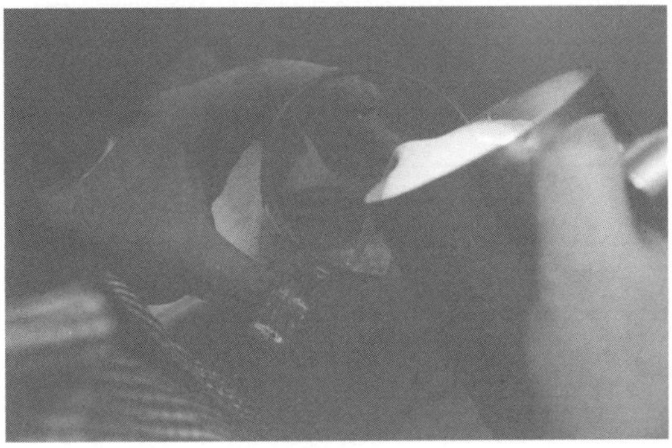

图3-13

图3-14

演练二：

学生分小组调制拿铁咖啡。模拟工作场景，向客人介绍这款咖啡的特点。其他同学对调制过程及制作后的咖啡进行观察和评价。

拿铁咖啡评分鉴定表

基础咖啡技能	是	否
是否在加咖啡粉前清洁/擦干冲煮手柄		
是否加粉/磨豆过程中咖啡粉的散落和多余可接受		
是否前后一致地加粉和填压		
是否冲洗机头		
是否手柄立即扣上机头萃取		
是否正确萃取时间(误差在3秒钟内)		
牛奶发泡技能	是	否
是否清空/清洁奶缸(开始时)		
是否在打奶泡前空喷蒸汽管		
是否在打奶泡后清洁蒸汽管		
是否在打奶泡后空喷蒸汽管		
是否在结束时清洁奶缸,剩余牛奶量是否达标		
咖啡出品	是	否
是否花色纹路清晰		
奶泡厚度是否持久、细腻		
温度适中(不冷不热)		
口味是否平衡度		
牛奶、浓缩咖啡是否平衡		
是否提供了配套用具(茶勺、糖等)		
是否在3分钟内完成		

相关知识点

咖啡杯的选择

尺寸大致分三种，而这三种尺寸分别可以约略判断一杯咖啡的浓烈程度。一般体积越小，意味着里面的咖啡越浓。

1. 小型咖啡杯（50毫升～80毫升）

一般被称为Espresso杯，适合用来品尝纯正的优质咖啡或浓烈滚烫的意式单品咖啡。例如只有30毫升左右的Espresso，虽然几乎一口就能饮尽，但徘徊不去的香醇余味，和似乎永远暖融融的温度，却最能温存心情和胃肠。而加了牛奶泡沫的Cappuccino，容量则比Espresso略大，宽阔的杯口，可以展示丰盈美丽的泡沫。

2. 中型咖啡杯（200毫升左右）

这是最常见的咖啡杯，清淡的美式咖啡多选择这样的杯子。这种杯子的特点是会留有空间供人自行调配，比如添加奶和糖，有时它也被叫作Cappuccino杯。

3. 大型咖啡杯（300毫升以上）

一般为马克杯或法式欧蕾专用牛奶咖啡杯。加了大量牛奶的咖啡，像拿铁、美式摩卡，多用马克杯，才足以包容它香甜多样的口感；而浪漫的法国人，则惯常用一大碗牛奶咖啡，渲染持续一整个早上的心情。

咖啡杯一般以普通陶瓷杯和高档骨瓷杯为主，陶瓷杯适合深度烘焙且口味浓郁的咖啡，骨瓷杯则适合口感较清淡的咖啡。为了留存咖啡的浓郁香醇，并减少温度蒸发，咖啡杯口较狭窄、杯身较厚。

任务三
冰跳舞拿铁

任务目标

知识目标：能够记住冰跳舞拿铁的调制方法，能够操作摇酒壶，独立为客人提供咖啡服务。

能力目标：会观察——能发现教师在调制咖啡过程中的技能要点；

会归纳——能整理总结冰跳舞拿铁的配方和比例；

会操作——能灵活使用意式咖啡机；

会合作——能互相协助完成各个环节的任务。

情感目标：培养专业服务意识，养成规范操作的职业习惯。

资源准备

场地准备：咖啡实训室。

用品准备：1. 意式浓缩咖啡机；2. 咖啡研磨机；3. 200毫升咖啡杯；4. 奶缸；5. 冰桶；6. 冰夹；7. 摇酒壶；8. 原料：深度烘焙的咖啡豆、冰牛奶、冰块、糖浆。

仪容仪表准备：与课人员身着职业装，保持手部卫生，符合职业仪容仪表要求。

任务描述

冰跳舞拿铁，泛着轻甜奶香味，似有似无的咖啡香气，爽凉透心的冰块，以及黑白艺术效果的外观，又因独特的润滑口感以及那冰感十足的凉爽，成为夏日里酒店客人热捧的宠儿。它是利用果糖与牛奶混合增加牛奶的比重，使它与比重较轻的咖啡分离，成为黑白分明的两层，就如鸡尾酒一样，呈现出曼妙迷人的外观，再加上冰块，给人一种高雅而浪漫的温馨感觉。

任务分析

完成本项任务需要熟记拿铁的配方和比例，按照拿铁的调制流程，用摇酒壶摇和出冰咖啡作为基底，用吧勺将冰牛奶引流入杯，调制出这款畅销咖啡，并且能向客人简单介绍这款咖啡的来历、口味特点等。

跳舞拿铁的由来(Ice Dancing Latte)

为什么这种Latte要叫跳舞拿铁呢？这款咖啡特别的是将成品的杯子左右倾斜、晃动，中层的咖啡也会随着晃动，似乎在跳舞一般，很有神秘朦胧的美！而糖浆、牛奶、奶泡和咖啡的特有组合，牛奶以其独有的细腻包融了浓缩咖啡的强烈口感，让人一试难忘！

冰跳舞拿铁的制作比例

冰跳舞拿铁（Ice Dancing Latte）		杯子容量（200毫升）
准备工作	冰杯或溜杯（将少许冰块放入杯中转动，以降低杯子的温度）	
配方比例 1:2:1	1. 萃取出双份标准Espresso咖啡	
	2. 将打好的冰奶泡与冰牛奶倒入杯中	
	3. 向摇酒壶里加入2/3冰块和双份Espresso摇和	
	4. 将吧勺置入杯中心上方，缓慢从中心引流注入摇好的咖啡液	
出品	配咖啡碟、咖啡勺、糖盅	

任务演练

演练一：

学生分组进行摇酒壶的手法训练。

1. 将咖啡液按配方分量倒进加入2/3冰块的摇酒器中快速摇荡10～15秒，摇匀后过滤冰块。摇和法的特点是通过快速、剧烈的摇荡，使咖啡液不会使冰块过多地溶化而冲淡且迅速降温。

2. 摇的方法有单手摇和双手摇两种（图3-15～图3-16）.

图3-15

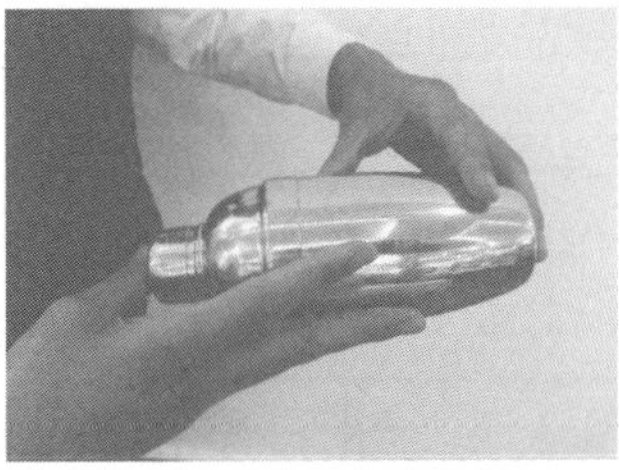

图3-16

演练二：

教师演示冰跳舞拿铁的调制方法。

1. 准备基底咖啡（图3-17～图3-18）

图3-17

图3-18

准备好摇酒壶、冷缩完成的意式浓缩咖啡备用。

2. 调和牛奶(图3-19 ~ 图3-20)

倒入加有香草、焦糖等口味糖浆的冷藏牛奶至玻璃杯的一半;

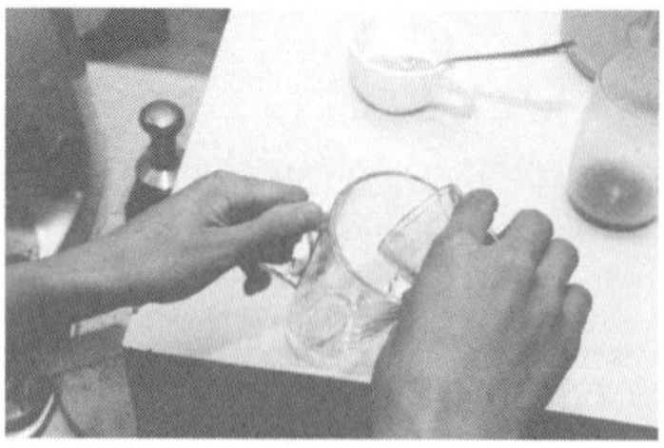

图3-19

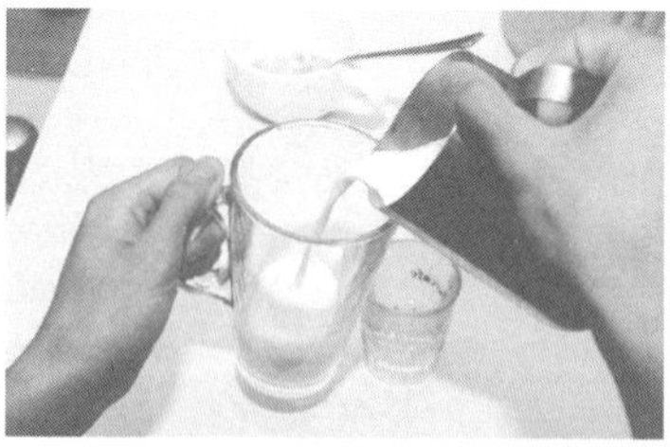

图3-20

3. 冰镇奶泡(图3-21)

加入少许冰块后盖上冰镇好的奶泡至七分满;

4. 冰咖啡引流(图3-22)

用吧勺将冰意式浓缩咖啡缓慢从奶泡中心引流行进杯中,至玻璃杯的九分满即完成。

图3-21

图3-22

图3-23

5. 装饰出品(图3-23)

用剩余的奶泡盖住引流的中心小孔,装饰后出品。可根据情况,自行增加蜂蜜、巧克力粉等修饰饮品表面。

演练三:

模拟工作场景,向客人介绍这款咖啡的特点。

冰跳舞拿铁咖啡技能评价表

操作安全		手法卫生		分层效果		创新图案	
是	否	是	否	是	否	是	否
按顺序完成操作流程				是		否	
仪容仪表是否符合咖啡师职业要求				是		否	
能否向宾客介绍咖啡饮品				是		否	
咖啡饮品配套用具是否完整				是		否	
端送咖啡饮品是否使用相关礼节知识				是		否	
操作过程中是否安全卫生				是		否	
能否及时清洁使用过的工作台和用具				是		否	

相关知识点

摇和法介绍

摇酒的方法和姿势关键在于在将混合的液体充分摇荡均匀的基础上保持姿势的优美，给宾客以赏心悦目的感受。

一般使用小号的摇酒壶可以单手摇，大号的摇酒壶用双手摇。

摇和法的特点：通过快速、剧烈的摇荡，使酒水达到最充分的混合，且不会使冰块过多地溶化而冲淡酒液、咖啡液。

注意要点：无论是单手摇或者是双手摇，在摇酒的时候，身体一定要保持身体的稳定，剧烈摇动的是摇酒壶，而不是咖啡师的身体，要尽量保持体态的美观、大方。摇妥之后，马上将液体滤入事先备好的杯内。

（1）单手摇

以右手食指按压调酒壶盖，中指在壶身右侧按压滤冰器，拇指在壶身左侧，无名指和小拇指在右侧夹住壶身。手心不与壶身接触，以免加速壶内冰块溶化的速度。摇和时，注意手臂尽量拉直，以手腕的力量使调酒壶左右摇晃，同时手臂自然上下摆动。

（2）双手摇

对于有蜂蜜、糖浆等较黏稠的配料，以单手摇和均匀的咖啡液，通常采用双手摇这一操作技法。具体方法是：右手拇指按压调酒壶盖，其他手指夹住壶身；左手无名指、小拇指托住壶底，其余手指夹住壶身。壶头朝向自己，壶底朝外，并将壶底略向上抬。摇和时可将调酒壶斜对胸前，也可将调酒壶置于身体的左上或右上方肩上，做“活塞式”运动。注意用力均匀有力，以便使咖啡液充分混合冷却。

任务四
摩卡咖啡

任务演练

知识目标：能够记住使用咖啡机冲煮摩卡咖啡的方法，并独立操作完成对客服务。

能力目标：会观察——能发现教师在冲煮咖啡过程中的动作要点；

会归纳——能整理总结摩卡咖啡制作的方法；

会操作——能灵活安全使用咖啡机；

会合作——能互相协助完成各个环节的任务。

情感目标：培养制作花式咖啡的美感，体验特色咖啡文化。

资源准备

场地准备：咖啡实训室。

用品准备：1. 意式浓缩咖啡；2. 巧克力酱；3. 牛奶；4. 摩卡杯；5. 淡奶油；6. 奶油枪；7. 挤酱瓶。

仪容仪表准备：与课人员身着职业装，保持手部卫生，符合职业仪容仪表要求。

任务描述

摩卡咖啡是意式拿铁咖啡的变种。除了咖啡牛奶奶泡，它还会加入少量巧克力。巧克力通常会以巧克力糖浆的形式在杯壁进行挂边装饰，有时也会用奶油、可可粉和棉花糖加在饮品顶端用来加重饮品的香味和作为装饰之用。

任务分析

用意式咖啡机完成一杯摩卡咖啡。

1. 调制咖啡前的原材料鲜度的选择与器具的清洁擦洗；
2. 熟练安全使用咖啡机；
3. 鉴定和评价自己的咖啡质量；
4. 咖啡的端送服务与品饮。

摩卡咖啡(Cafe Mocha)小故事

摩卡咖啡的名字起源于位于也门的红海海边小镇摩卡，这个地方在15世纪时垄断了咖啡的出口贸易，对销往阿拉伯半岛区域的咖啡贸易影响特别大。因为摩卡一种巧克力色的咖啡豆，这让人产生了在咖啡里混入巧克力的联想，并且发展出巧克力浓缩咖啡饮料。它那独特的巧克力余韵令人回味再三，可谓是：“余味绕梁，三日不绝于口。”难怪有那么多的咖啡饕客都将摩卡列为心中的最爱。

摩卡咖啡的制作比例

摩卡咖啡（Mocha Coffee）		杯子容量（200毫升）
比例1:2:1	1. 萃取一份标准Espresso	
	2. 巧克力酱挂杯	
	3. 加入牛奶	
	4. 挤上奶油	
	5. 装饰出品	
出品	配咖啡碟、咖啡勺、糖盅、曲奇	

任务演练

演练一：

教师演示用意式咖啡机调制摩卡咖啡。

1. 巧克力挂杯（图3-24～图3-25）

将巧克力酱灌入挤酱瓶中，旋转挤入杯中或挂杯。

图3-24

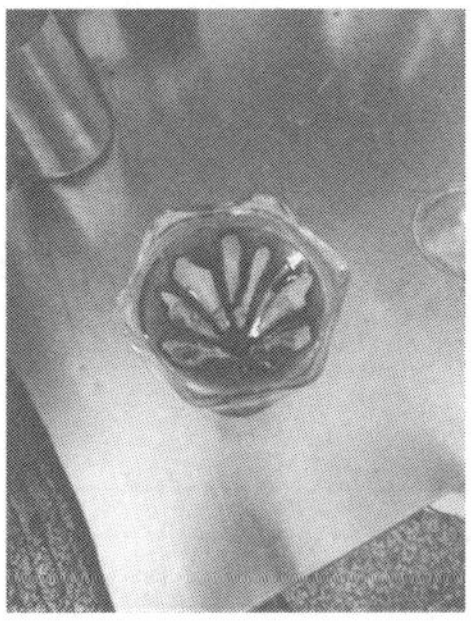

图3-25

2. 萃取咖啡（图3-26）

倒入一份已经萃取好的咖啡。

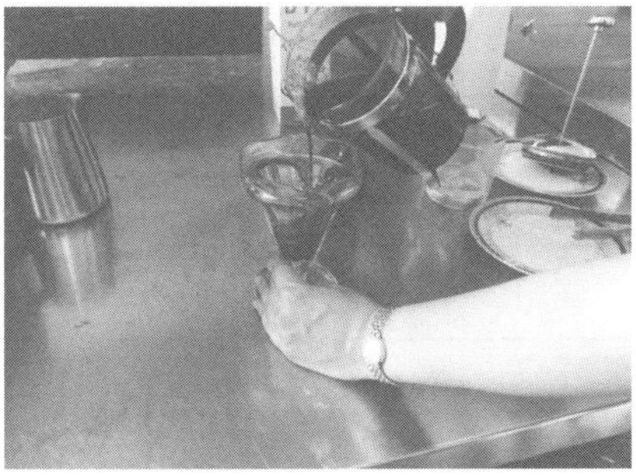

图3-26

图3-27

3. 注入牛奶(图3-27)

将牛奶注入摩卡杯中至七分满。

4. 奶油封顶(图3-28)

将淡奶油倒入奶油枪内,摇晃均匀,旋转挤入杯口。

图3-28

5. 装饰出品(图3-29)

用巧克力酱和曲奇在奶油上装饰后出品。

图3-29

演练二:

学生分小组调制摩卡咖啡。模拟工作场景,向客人介绍这款咖啡的特点。其他同学对调制过程及制作后的咖啡进行观察和评价。

摩卡咖啡技能评价表

操作安全		手法卫生		巧克力效果		创新图案	
是	否	是	否	是	否	是	否
按顺序完成操作流程				是		否	
仪容仪表是否符合咖啡师职业要求				是		否	
能否向宾客介绍咖啡饮品				是		否	
咖啡饮品配套用具是否完整				是		否	
端送咖啡饮品是否使用相关礼节知识				是		否	
操作过程中是否安全卫生				是		否	
能否及时清洁使用过的工作台和用具				是		否	

相关知识点

★ 咖啡厅中咖啡饮品的种类

咖啡店供应的许多咖啡品种有各种各样的添加调味剂，如巧克力、酒、薄荷、丁香、柠檬汁、奶油等，各民族的人喝咖啡的口味也不同。以下是一些常见的咖啡种类：

咖啡饮品的种类

黑咖啡	又称"清咖啡"，只含咖啡
白咖啡	在咖啡中加入牛奶
卡布奇诺	又称"牛奶咖啡"，意式浓缩咖啡加入混合了奶泡的牛奶，有时还加上肉桂、香料和巧克力粉，通常咖啡、牛奶和奶泡的比例各占1/3
拿铁咖啡	意式浓缩浓咖啡加上相应比例的热牛奶
调味咖啡	依据各地口味的不同，在咖啡中加入巧克力、糖浆、果汁、肉桂、肉豆蔻、橘子花等不同调料
摩卡咖啡	咖啡中加入巧克力、牛奶和搅拌奶油，有时加入冰块
欧蕾咖啡	普通咖啡加上大量的热牛奶和糖
美式咖啡	浓咖啡加上大量热水，比普通的浓咖啡柔和
爱尔兰咖啡	在咖啡中加入威士忌，顶部放上奶油
越南式咖啡	将咖啡倒入金属过滤器，在杯里放上冰块及炼乳，让滴滤之后的咖啡直接滴在冰块上

资料来源：(http://www.coffeesalon.com/bbs/forum.php? mod=viewthread&tid=4015)

任务五
橙子火焰咖啡

任务目标

知识目标:能够记住橙子火焰咖啡的冲煮方法,并能独立调制橙子火焰咖啡。

能力目标:会观察——能发现教师在冲煮咖啡过程中的技能要点;

会归纳——能整理总结橙子咖啡的冲煮方法;

会操作——能灵活使用平底锅冲煮咖啡;

会合作——能互相协助完成各个环节的任务。

情感目标:培养专业意识,加深对咖啡的认识,感受独创咖啡的魅力。

资源准备

场地准备:咖啡实训室。

用品准备:1. 新鲜研磨好的咖啡粉;2. 白兰地;3 . 澳橙;4. 白糖;5. 奶油。

使用工具:平底锅、便携式瓦斯炉、奶油枪、咖啡壶、水果刀、汤勺、餐叉、咖啡玻璃杯、咖啡碟、勺。

仪容仪表准备:与课人员身着职业装,保持手部卫生,符合职业仪容仪表要求。

任务描述

橙子火焰咖啡是一种拥有独特风味的花式咖啡。它还有一个美丽的英语名字:flaming coffee。火焰咖啡,顾名思义,当然会在顾客品尝咖啡之前,观赏一场火焰的盛会。火焰则是由一杯白兰地酒浇香时点燃的,在白兰地挥发的过程中,香气也逐渐通过橙皮渗透进咖啡中,所以火焰咖啡的味道可谓浓香醉人!

任务分析

要求完成两杯橙子火焰咖啡。

1. 调制咖啡前的原材料鲜度的选择与器具的清洁擦洗;
2. 根据咖啡制作的需求选择冲煮方法,安全使用平底锅和便携式瓦斯炉;
3. 咖啡的端送服务与品饮。

任务演练

这是一款可以进行客前调制的咖啡,有增添环境气氛、展示服务水准、提高服务档次的作用。橙子火焰咖啡不仅味道醇厚,还带有白兰地的酒香,橙皮燃烧的焦香,奶油的细腻和甜蜜,最重要的一点是在入口的时候,还可以体验到杯沿的焦糖和咖啡中些许的桔子颗粒。

橙子火焰咖啡的制作比例

橙子火焰咖啡(Flaming Coffee)	杯子容量(180毫升)
比例3:2:1	1. 熬制焦糖,挂糖边
	2. 熬制咖啡和橙汁
	3. 制作螺旋状橙皮
	4. 燃烧白兰地和橙皮
	5. 把咖啡装入杯中并挤上奶油
出品	配咖啡碟、咖啡勺

任务演练

演练一:

教师演示橙子火焰咖啡的冲煮方法。

1. 准备工作(图3-30)

安全设置好便携式瓦斯炉和平底锅。

图3-30

2. 熬制焦糖(图3-31~图3-32)

在平底锅中放入砂糖,小火缓慢熬化成金黄色。

图3-31

图3-32

3. 挂糖边(图3-33～图3-34)

焦糖呈液体状时,将杯口部位轻轻放置在焦糖上,注意力度和平衡,使杯沿接触到焦糖,形成干净漂亮的金黄色亮边。剩下的焦糖保留在锅内。

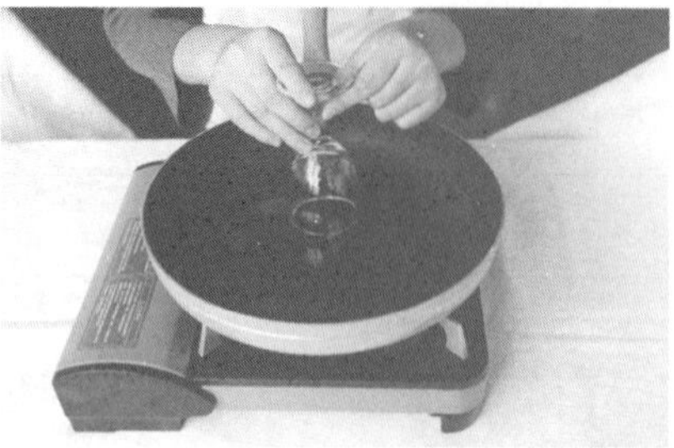

图3-33

图3-34

4. 熬制咖啡(图3-35)

将已泡好的咖啡倒入剩余焦糖的平底锅内搅拌入焦糖味。

图3-35

5. 熬取橙汁(图3-36)

取一澳橙将其对半切开,用叉取半个澳橙,果肉向下浸没在平底锅的咖啡里,慢慢熬制出澳橙大颗粒的果肉。

图3-36

6. 制作螺旋状橙皮(图3-37～图3-38)

将餐叉叉入一个澳橙底部,一手持叉子,一手持水果刀,从顶部开始以螺旋的形式削皮。(注意:(1) 要保持刀的平衡和皮的宽窄和厚度,不要削断皮。(2) 削皮的时候,一定要削到果肉,让每一寸桔子皮上都保留一些桔子的果肉)

图3-37

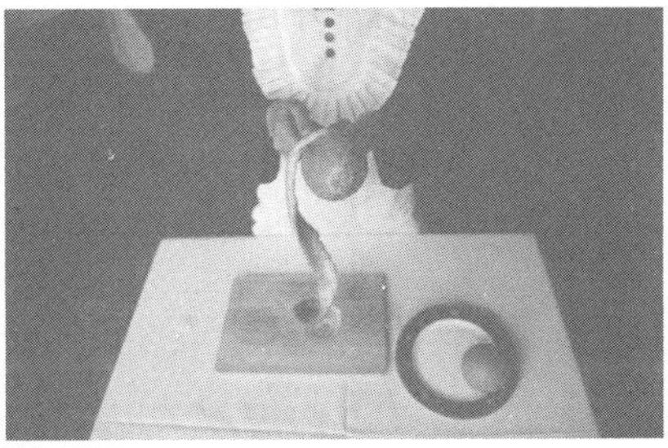

图3-38

7. 制作火焰橙皮(图3-39 ~ 图3-40)

将白兰地倒入汤勺,体积约为汤勺的3/4,用瓦斯炉点燃白兰地。将燃烧着的白兰地从澳橙的顶部缓慢倒下。这个过程中,客人既可以欣赏到蓝色火焰的螺旋状橙皮,又可以闻到四周弥漫的白兰地酒香。

图3-39

图3-40

8. 入杯装饰(图3-41 ~ 图3-44)

将熬制好的咖啡装入咖啡壶;将淡奶油倒入奶油枪,摇晃均匀后,挤上奶油。

图3-41

图3-42

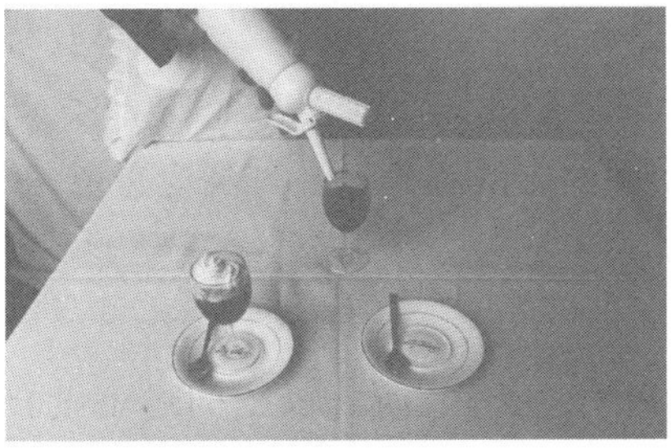

图3-43

图3-44

演练二:

学生分小组练习调制橙子火焰咖啡。模拟工作场景,向客人介绍橙子火焰咖啡的特点和观赏性。其他同学对调制过程及制作后的咖啡进行观察和评价。

橙子火焰咖啡技能评价表

操作安全		手法卫生		挂糖边效果		奶油图案	
是	否	是	否	是	否	是	否
按顺序完成操作流程				是		否	
仪容仪表是否符合咖啡师职业要求				是		否	
能否向宾客介绍咖啡饮品				是		否	
咖啡饮品配套用具是否完整				是		否	
端送咖啡饮品是否使用相应礼节知识				是		否	
操作过程中是否安全卫生				是		否	
能否及时清洁使用过的工作台和用具				是		否	

相关知识点

各国饮用咖啡的传统

中东地区

人们执着于基本的饮用方式，他们将咖啡豆深度烘焙至接近暗黑（Dark Roast），通常研磨成极细的粉末，然后煮沸几次再加入糖，即成为一小杯极浓、苦中带甜且有沉淀的咖啡。人们以考究而有礼的态度从容不迫地轻啜着这一小杯咖啡。

南欧及拉丁美洲

市区的人们习惯在早上和下午或晚上各喝一杯咖啡。他们偏好深度烘焙、半苦半甜且带着焦味的咖啡。最好是以Espresso机器所冲煮出的咖啡，一小杯暗黑、浓郁、上层浮着油沫、带着一点点的沉淀在杯底。早上，一小杯这样的咖啡和热牛奶混合在一个碗或大杯子中，喝咖啡的人一只手捧着碗或杯子，以咖啡的热度来温热他们的手掌或用鼻孔来感觉咖啡香，如果可能的话，他们甚至希望能跳入碗中或杯中洗澡。在下午或晚上时，南欧人则偏好如同中东人所使用的小杯子（大约早上所使用的碗的四分之一），品尝黑色、浓郁且苦中带甜的咖啡。

北欧

对北欧的人来说，他们和中东人的偏好大不相同。首先，所冲煮出的咖啡没有沉淀物，清淡而圆润；咖啡豆烘焙成褐色而非黑色。冲煮的方式为不出滴式（即Drip Coffee）或机器式（即意大利式咖啡或由其所变化出的各式花式咖啡——卡布奇诺、维也纳咖啡、法式牛奶咖啡……）。

北美

在北美国家中，人们习惯在咖啡中加入牛奶和糖，但由于他们所喝的咖啡比较清淡，所加入的牛奶和糖常影响、掩盖了咖啡的浓度和原味。喝咖啡的习惯于第二次世界大战时开始风行于北美地区，为降低喝咖啡的成本和配合随时的需求，美式咖啡通常整壶地煮好后放在保温盘上保温以应随时之需，且煮出的咖啡非常的淡。典型北美咖啡的饮用者把咖啡当成日常的饮料，整天喝着办公室咖啡壶中所倒出的咖啡，或者是在做家务时随时端着咖啡。他们不仅仅在用餐后喝，同时在一天的开始和中间休息都少不了咖啡。

（资料来源：http://www.coffeesalon.com/bbs/forum.php？ mod=viewthread&tid=6083）

学习评价

评价内容	评价依据	权重
知识	a.依据课堂提问回答情况 b.依据课后作业完成情况	30%
技能	a.依据课内项目完成情况 b.依据课外项目完成情况	50%
态度（规范、仔细、对质量的追求、创造性）	a.迟到早退一次各扣5分，旷课一次扣10分，累计3次及以上（包括迟到早退累计3次），取消该门课程的成绩 b.将早点、零食带进教室一次扣5分 c.做和上课无关的事情各扣5分（聊天、玩手机、睡觉等） d.迟交作业或不按项目要求完成作业一次扣5分	20%

技能评判表

序号	技能	评判结果	
		是	否
1	花式咖啡制作前准备工作 （评判标准：奶泡的添加；牛奶添加的顺序、焦糖的熬制、其他装饰品的修饰）		
2	花式咖啡制作方法 （评判标准：能按要求制作不同的花式咖啡，撰写实训操作报告）		
3	花式咖啡介绍与鉴定 （评判标准：能按要求描述咖啡操作步骤与口味）		

项目四

XIANGMU SI

咖啡拉花

项目描述

咖啡与牛奶，没有对苦味的亵渎，却注入纯粹的奶香。在流动的黑与白之间、甜与苦之间游走，用拉花杯作为画笔，咖啡油脂作为画纸，勾勒出一幅幅美丽的图案。这些图案就称为咖啡拉花。需要掌握的常见的拉花手法有以下这几种：1. 手绘图形法；2. 筛网成型法；3. 直接倒入成型法。

学习目标

①能够运用拉花的手绘图形法制作咖啡；

②能够运用拉花的筛网成型法制作咖啡；

③能够根据不同牛奶咖啡直接倒入成型花形；

④养成职场安全卫生意识；

⑤能够根据宾客需要提供咖啡服务及推销。

任务一
手绘图形法

任务目标

知识目标：能够记住手绘图形的方法，会自己根据需要创新图样。

能力目标：会观察——能发现教师在使用手绘图形法过程中的技能要点；

会归纳——能整理总结手绘图形法的基本原则；

会操作——能灵活使用手绘图形法；

会合作——能互相协助完成各个环节的任务。

情感目标：培养研发咖啡样式的专业意识，提升内在修养，开创属于自己的咖啡饮品。

资源准备

场地准备：咖啡实训室。

用品准备：1. 巧克力酱；2. 挤酱瓶；3. 咖啡拉花针；4. 咖啡粉；5. 擦拭纸或布。

仪容仪表准备：与课人员身着职业装，保持手部卫生，符合职业仪容仪表要求。

任务描述

或许在你的咖啡馆，你会听到有顾客这样说："有没有看起来很漂亮的咖啡呀？我不喜欢咖啡的苦味道，也不喜欢加砂糖。我喜欢吃巧克力。"

任务分析

要求用手绘图形法完成咖啡饮品的变化。

1. 能灵活使用挤酱瓶；
2. 能用手绘图形法模拟示范图形；
3. 能用手绘图形法创新花式咖啡图形；
4. 能根据宾客需求提供咖啡饮品端送服务。

咖啡拉花小故事

关于咖啡拉花的起源，其实一直都没有十分明确的记载，只知道在欧美国家，咖啡拉花都是在咖啡表演时所展现的高难度专业技术。咖啡拉花注重的都是图案的呈献，但经过了长久的发展和演进之后，咖啡拉花不只在视觉上讲究，在牛奶的绵密口感与融合的方式与技巧上也一直不断地改进，进而在整体味道的呈现上，达到色、香、味俱全的境界。

除了平面咖啡拉花艺术外，善于创新的拉花艺人们已经创作出了有趣的3D拿铁艺术，这些咖啡拉花不仅仅会停留在咖啡中，还会爬出杯子外，向这个世界探头问好。

任务演练

演练一：

教师演示方法后学生分组练习。

1. 准备咖啡（图4–1）

一杯Espresso咖啡：由于我们用来制作拉花的咖啡是由Espresso打底而来的，为了让巧克力酱能在咖啡表层出现各式图案，咖啡表层还需要添加牛奶和奶泡以增加表层的附着力（奶泡一定要细腻绵实，因为巧克力酱有一定重量会有下沉的可能）。

图4–1

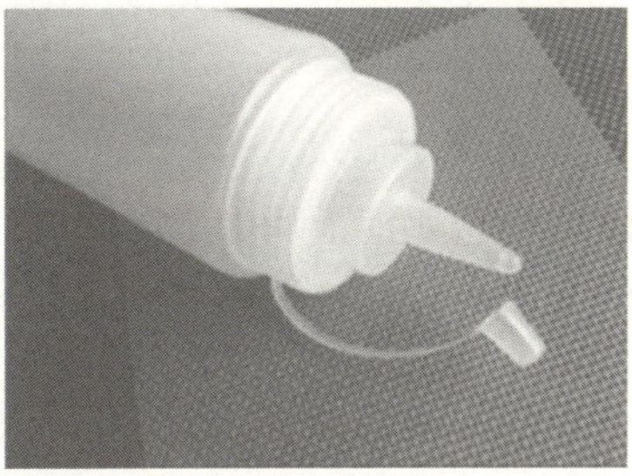

图4–2

2. 准备巧克力酱（图4–2）

用专门的酱瓶装好巧克力酱。

3. 制作图案：花瓣

在添加巧克力酱时讲究速度，因为巧克力酱很有可能被热咖啡溶化。

（1）在白色奶泡上沿着杯型画上两个圆圈（圆圈数可以变化）。（图4–3）

图4–3

图4–4

（2）用咖啡拉花针尖头把圆圈分成四份（尖头从外圈向内圈划线）。（图4–4）准备一张干净的擦拭拉花针的纸或布，为了让图案看起来线条清晰，每用一次拉花针勾花都要擦拭一下针尖处。

（3）用咖啡拉花针尖头把四等份的圆圈变成八等份（尖头从内圈向外圈划线）。这样内外交替划线，可以增加图案的变化。（图4–5）

图 4-5

演练二：

教师演示方法后学生分组练习。

1. 准备一杯Espresso打底有奶泡的咖啡。

2. 准备巧克力酱。

3. 制作图案：斑纹。

（1）在白色奶泡上从中心向四周划线（像太阳的光芒）。

（2）用咖啡拉花针尖头从圆心向外画螺旋线，断开巧克力酱，形成图案。（图 4-6）

图 4-6

演练三：

学生制作创新图案。

1. 准备一杯Espresso打底有奶泡的咖啡。可以让奶泡在咖啡饮品的表层，也可以让奶泡加入的时候完全在咖啡里，表层是咖啡的颜色，也可以让表层同时存在奶泡和咖啡的颜色。这样可以增加图案的变化，当然完全取决于你的想法。

2. 准备巧克力酱。

3. 制作图案。

（1）在纸上设计出咖啡饮品的图案，并拟订巧克力酱行走的轨迹。

（2）根据挤酱瓶和拉花针的使用方法实施自己的创作。

（3）介绍创作的咖啡饮品，包括名字、创作的来源等。

相关知识点

黝黑的咖啡看似孤单，其实它有很多好朋友。

巧克力酱

巧克力(Chocolate)主原料是可可豆(像椰子般的果实，在树干上开花结果)。怎样把固态的巧克力变成液态的巧克力酱？原来动物油脂可以破坏巧克力的凝固，在巧克力融化过程中加入动物黄油或全脂牛奶，就可以得到巧克力酱。

奶油

奶油(Cream)是从牛奶、羊奶中提取的黄色或白色脂肪性半固体食品。它是由未均质化之前的生牛乳顶层的牛奶脂肪含量较高的一层制得的乳制品。奶油在类型上分为动物奶油和植脂奶油。动物奶油是由牛奶中的脂肪分离获得的，而植脂奶油是以大豆等植物油和水、盐、奶粉等加工而成的。

基酒

基酒包括白兰地、金酒、伏特加、朗姆酒、威士忌、特基拉。我们经常见到的基酒同样可以加入咖啡饮品中，由于酒的特性还能进行火焰表演，让人们在嗅觉、味觉、视觉上得到享受。

技能评价表

意式浓缩咖啡		使用挤酱瓶		使用拉花针		创新图案	
是	否	是	否	是	否	是	否
仪容仪表是否符合咖啡师职业要求				是		否	
能否向宾客介绍咖啡饮品				是		否	
咖啡饮品配套用具是否完整				是		否	
端送咖啡饮品是否使用相应礼节知识				是		否	
操作过程中是否安全卫生				是		否	
能否及时清洁使用过的工作台和用具				是		否	

任务二
筛网成型法

任务目标

知识目标：能够记住筛网成型法的咖啡拉花方法，能独立为客人提供服务。

能力目标：会观察——能发现教师在拉花过程中的技能要点；

会归纳——能整理总结筛网成型法的咖啡拉花方法；

会操作——能全面掌握稠密奶泡的制作；

会合作——能互相协助完成各个环节的任务。

情感目标：培养专业意识，提升内在修养，创新咖啡图案。

资源准备

场地准备：咖啡实训室。

用品准备：1. 意式浓缩咖啡机；2. 咖啡研磨机；3. 咖啡杯；4. 奶缸；5. 咖啡拉花针；6. 咖啡筛网模具；7. 深度烘焙的咖啡豆、牛奶、可可粉。

仪容仪表准备：与课人员身着职业装，保持手部卫生，符合职业仪容仪表要求。

任务描述

Noomi小姐在看到酒店饮品单上的“快乐”咖啡时，莞尔一笑，对服务员说：“就要它了。”咖啡师娴熟地调制后，亲自端送到Noomi小姐面前，拿出可爱的笑脸筛网模具，撒下巧克力粉，完成一杯快乐咖啡。

任务分析

完成本项任务需要熟记筛网成型法的咖啡拉花技巧，也可以利用自己设计的网板将巧克力粉撒入网板镂空处，浮现于意式浓缩咖啡表面上，形成独具特色的图案。

任务演练

演练一：

白底图案

1. 将打好的奶泡静置30秒左右，让牛奶与奶泡在一定程度上分离。（图4–7）

图 4-7

图 4-8

2. 用汤勺挡住部分奶泡，让牛奶与意式咖啡先融合，再使用奶泡覆盖在咖啡表层形成雪白的表面。（图 4-8）

3. 利用带有各种图形或字样的网板及筛网，放置距离咖啡表面 1 厘米处，撒上可可粉或肉桂粉，使咖啡表面呈现出各种图形或字样。（图 4-9 ~ 图 4-13）

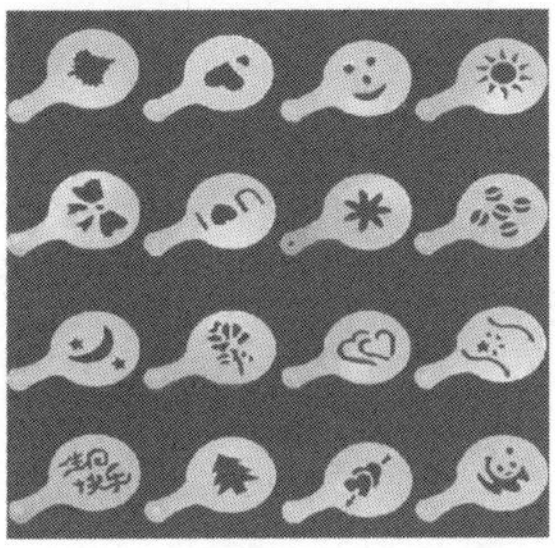

图 4-9

图 4-10

图 4-11

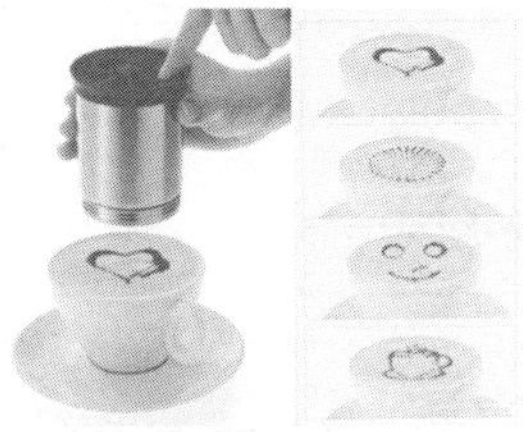

图 4-12

图 4-13

演练二：

暗底图案

1. 将打好的奶泡静置 30 秒左右，让牛奶与奶泡在一定程度上分离。（图 4-14）

图 4-14

图 4-15

2. 奶泡做好后直接让奶泡与意式咖啡融合，使其在咖啡表面不产生白色的奶泡。（图4–15）

3. 将带有图形或文字的网板放置在距离咖啡表面1厘米处，隔着网板撒上白糖粉，使咖啡表面呈现各种图形或文字。（图4–16）

图4–16

演练三：

学生根据自己创意的图案完成一杯花式咖啡，并按下表自我评定。

自我评定表

操作安全		手法卫生		筛网撒粉效果		创新图案	
是	否	是	否	是	否	是	否
按顺序完成操作流程				是		否	
仪容仪表是否符合咖啡师职业要求				是		否	
能否向宾客介绍咖啡饮品				是		否	
咖啡饮品配套用具是否完整				是		否	
端送咖啡饮品是否使用相应礼节知识				是		否	
操作过程中是否安全卫生				是		否	
是否及时清洁使用过的工作台和用具				是		否	

相关知识点

咖啡拉花艺术

咖啡拉花艺术(英语为:Latte Art)是一种将打成奶泡的牛奶倒进浓缩咖啡中,从而得到咖啡表面上带有设计图案的拿铁咖啡的制作方法。拉花艺术也可以是直接在奶泡的表面上画出简单的美化图案。拉花特别难以制作,因为制作拉花对浓缩咖啡杯和牛奶有一定的要求,并且拉花的好坏也由咖啡师的经验和浓缩咖啡机的质量来决定。最后,倾倒出美丽的拉花对于咖啡师来说绝对是个挑战。

咖啡拉花的成分

拿铁咖啡拉花实际上是两种黏稠液体的混合,即:浓缩咖啡和牛奶泡沫。浓缩咖啡是带有咖啡脂(浓缩咖啡上漂浮的一层泡沫)的黏稠液体咖啡;牛奶泡沫指的是用奶泡机将牛奶打成泡沫状。牛奶本身需要全脂的液体牛奶,而咖啡则呈现浓稠的液状。咖啡和牛奶二者均不是稳定的状态,咖啡脂是从浓缩咖啡中分离的,而奶泡则是从液体牛奶中得到的,咖啡脂和奶泡会在短短的几分钟内消失殆尽,因此咖啡拉花保持的时间也很短。

任务三
直接倒入成型法

任务目标

知识目标：能够独立操作直接倒入成型法制作咖啡拉花，能为客人提供所需要的咖啡服务。

能力目标：会观察——能发现教师在拉花过程中的技能要点；

会归纳——能整理总结直接倒入成型法的咖啡拉花方法；

会操作——能全面掌握稠密奶泡的制作；

会合作——能互相协助完成各个环节的任务。

情感目标：培养专业意识，提升内在修养，提升中国咖啡文化。

资源准备

场地准备：咖啡实训室。

用品准备：1. 意式浓缩咖啡机；2. 咖啡研磨机；3. 咖啡杯；4. 奶缸；5. 深度烘焙的咖啡豆、牛奶。

仪容仪表准备：与课人员身着职业装，保持手部卫生，符合职业仪容仪表要求。

任务描述

见识过咖啡拉花的朋友们多半会对咖啡师的技艺赞叹不已。白色的热牛奶冲进深褐色的浓缩咖啡里面，随着咖啡师的手腕轻点，咖啡杯中浮着的一片片叶子，飘着的一幅幅图案，那美丽多变的外表，丰富细腻的口感，华丽奇特的技法，无不彰显着别样的美丽。

任务分析

直接倒入成型法是咖啡拉花技巧中最难的技法。奶泡利用波动的原理浮现于意式浓缩咖啡表面上，并利用各种不同的晃动控制技巧从而形成各式各样的图形，例如心形、叶子形等。此外，拉花图案成型时刻十分短。所以一杯完美的拉花图案要求咖啡制作人要有流利的动作、准确的手部技巧，因此就要不断地练习。

拉花操作表

咖啡拉花(Latte Art)		杯子容量(180毫升)
准备	先将咖啡杯用热水浸泡,预热后倒掉杯中热水,或在咖啡机上预热温杯。	
方法	1. 萃取出双份标准Espresso	
	2. 选点,约为杯口的1/3处	
	3. 小流量注入,迅速刺破泡沫,稳住流量不可停顿	
	4. 小流量注入融合,观察注入对面“变白点”	
	5. 保持加大的流量左右摇晃奶缸,手臂手腕配合	
	6. 提高奶缸,小流量直线收尾	
出品	配咖啡碟、咖啡勺、糖盅	

任务演练

演练一:

心形咖啡拉花的主要过程。

1. 准备咖啡 (图4-17)

制作一杯意式咖啡。

图4-17

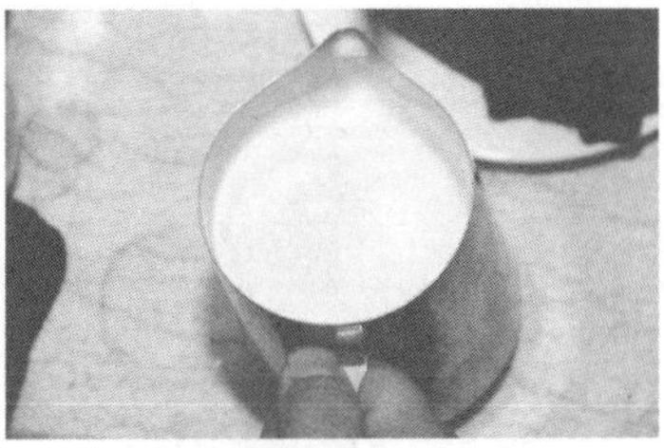

图4-18

2. 准备奶制品(图4-18)

刚制作出的奶制品表面有较大奶泡,可以通过与桌面轻轻碰撞的方式消除掉,水平晃动奶缸,让奶制品形成漩涡,使牛奶与奶泡充分融合。

3. 添加 (图4-19)

轻晃意式咖啡后,将奶缸中的牛奶及奶泡倒入咖啡中。

4. 切入点(图4-20)

奶制品从咖啡的中间倒下,先是以较高的高度倒下奶制品,让牛奶跟奶泡直入咖啡液下,与油脂下方的咖啡融合。

图4-19

图4-20

5. 制作图案（图4-21 ~ 图4-28）

图4-21

图4-22

图4-23

图4-24

图4-25

图4-26

图4-27

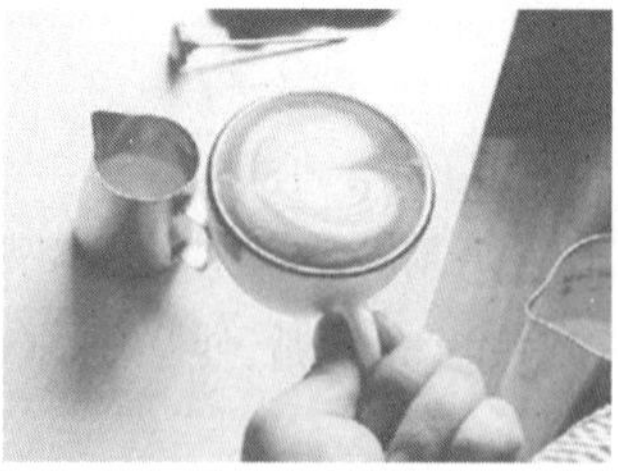

图4-28

咖啡随着牛奶的注入而逐渐在咖啡杯中上升，当上升至半杯时，下沉奶缸，继续倒下奶制品，此时，奶泡会漂浮在咖啡液面以上，因受到冲击，向四周扩散，然后形成一个圆形。

6. 成型（图4-29）

咖啡快满杯时，将奶缸向前上方向提起，牛奶将圆分成两个半心形，至此，心形图案的咖啡拉花就完成了。

图4-29

演练二：

教师演示图案操作手法，学生观察及模仿。

叶子形

1. 找注入点（图4-30）

可以选择中间点为注入点。开始时牛奶的流量稍小，慢慢加大牛奶的注入量。

图4-30

图4-31

2. 晃动（图4-31）

流量慢慢加大，当出现白点的时候，左右轻微晃动奶缸，记住牛奶的流速不要变小，才能保持一定的冲力。

3. 制作叶片（图4-32～图4-38）

图4-32

图4-33

图4-34

图4-35

图 4-36

图 4-37

图 4-38

当出现叶形的时候，慢慢往后拉，晃动的幅度慢慢变小，牛奶的流速也适当变小。一边往后拉，左右轻微晃动，一边注意把牛奶的注入变细。

4. 制作枝干（图 4-39 ~ 图 4-40）

控制流速快速往回收口，形成树叶的枝干。

图 4-39

图 4-40

5. 最后的叶形图案（图 4-41）

图 4-41

演练三：

学生小组互评，并按下表自我鉴定花式咖啡的调制。

自我评定表

操作安全		手法卫生		奶泡效果		创新图案	
是	否	是	否	是	否	是	否
按顺序完成操作流程				是		否	
仪容仪表是否符合咖啡师职业要求				是		否	
能否向宾客介绍咖啡饮品				是		否	
咖啡饮品配套用具是否完整				是		否	
端送咖啡饮品是否使用相应礼节知识				是		否	
操作过程中是否安全卫生				是		否	
是否及时清洁使用过的工作台和用具				是		否	

相关知识点

咖啡拉花的技巧分析

1. 牛奶发泡的好坏，在最大程度上决定了拉花是否成功。好的奶泡流动性很好，水平晃动奶缸的时候，牛奶及奶泡不是聚集到中间形成向上的凸起，而是中间形成向下凹陷的漩涡，奶沫水平晃动之后，很具光泽，有丝绸一样顺滑的感觉。这样的奶泡，你只需要往咖啡里从上往下倒，就容易倒出心型。

2. 拉花前晃动咖啡液，有助于让咖啡的颜色均匀。咖啡萃取出来之后，上面的颜色有许多时候是不一致的，会出现有深有浅的情况，比如，出现虎斑的时候，就会颜色不均匀。如果直接将牛奶倒入咖啡中，咖啡液表面最后也会出现深浅不一的颜色，让咖啡变得难看，解决办法则是在倒入牛奶之前，水平晃动咖啡液，待咖啡均匀融合，再倒入牛奶，咖啡的颜色变得一致后，就美观了不少。

3. 花形成的原因，在于牛奶与咖啡液的距离。花的形成是因为奶泡漂浮在咖啡液上面开成了花。如果我们在将牛奶倒入咖啡中时，牛奶与咖啡液的距离不够，冲击力不强，奶泡就会直接漂浮在咖啡液上，结果就是咖啡不满杯。解决办法则是先提升牛奶与咖啡的距离，利用冲击力，将牛奶注入咖啡液下，待咖啡达到了半杯之后，下沉奶缸，使奶泡得以漂浮在咖啡液面之上，拉花就完成了。

学习评价

评价内容	评价依据	权重
知识	a.依据课堂提问回答情况 b.依据课后作业完成情况	30%
技能	a.依据课内项目完成情况 b.依据课外项目完成情况	50%
态度(规范、仔细、对质量的追求、创造性)	a.迟到早退一次各扣5分,旷课一次扣10分,累计3次及以上(包括迟到早退累计3次),取消该门课程的成绩 b.将早点、零食带进教室一次扣5分 c.做和上课无关的事情各扣5分(聊天、玩手机、睡觉等) d.迟交作业或不按项目要求完成作业一次扣5分	20%

技能评判表

序号	技能	评判结果	
		是	否
1	咖啡拉花前准备工作 (评判标准:咖啡奶泡的后期修饰,意式基底咖啡的制作)		
2	咖啡拉花方法 (评判标准:能完成两款基础图形的拉花手法,撰写实训操作报告)		
3	咖啡的品鉴 (评判标准:能按要求完成拉花款的卡布奇诺咖啡的评分表)		

参考文献

[1] 刘小红. 非酒精饮料:吧台基础服务(学生用书)[M].重庆:西南师范大学出版社,2008

[2] 尹灵. 吧台基础服务与意式咖啡[M].重庆:重庆大学出版社,2009

[3] 咖啡、Crystalyunfei. 咖啡沙龙论坛(咖啡入门导读)[EB/OL],http://www.coffeesalon.com/bbs/forum.php ,2008